室内装修
完全图解实例
INTERIOR DECORATION FULLY ILLUSTRATED

朱丽 檀文迪 鲍培瑜 编著

U0244898

中国青年出版社

前 言

　　随着我国室内装饰业的不断完善，对室内设计这一行业的需求与要求在不断增加。室内设计是一种认知过程，是设计者对设计原理、实施规范的具体运用，设计者有责任对设计理念与技能进行不断地巩固与完善，并在实际运用中积累经验，探索新的设计发展道路。

　　本书为想学习了解室内设计及施工知识的读者提供了较为系统的解说，图文并茂、通俗易懂，不论是具有设计专业知识的读者还是自学人员，都可以通过本书对行业技能进一步理解掌握，有助于在实际操作中规避风险与隐患。本书共有8个章节：主流装饰风格、装修设计、装饰材料讲解与施工要点、各个阶段的工种施工工艺讲解、旧房改造、冬季施工、装修污染、智能家居。根据整个施工项目所涉及到各方面进行系统化讲解，内容逻辑符合工程从设计起始到验收终结的操作流程，利于读者学习理解。

　　室内设计就像一件艺术品，但又不仅仅是艺术品，优秀的室内设计并非只拥有成熟的技术或是单纯的观赏性，而是二者相结合的产物，要求实用性与美观性达到统一。只有艺术性的室内设计将会是一个空壳，没有艺术性的空间将会缺乏品味，呆板无趣。望设计者在掌握实用技术的同时，提高室内设计文化内涵，在原有基础上不断创新，创造出更好的室内空间。

目 录

chapter 1 | 装饰风格

chapter 2 | 室内装修设计

chapter 3 | 装饰材料讲解与施工要点

chapter 4 | 各个阶段的工种施工工艺讲解

chapter 5 ｜旧房改造

chapter 6 ｜冬季施工

chapter 7 | 装修污染

chapter 8 | 智能家居

■**参考文献**

1. 朱丽 . 静湾，文艺理论与批评，[J]，2017.3（第一章）

2. 朱丽 . 外滩钟鼓楼，短篇小说 . 原创版，[J]，2014.5.（第二章）

3. 朱丽 . 水乡秋色，文艺理论与批评，[J]，2017.2（第五章）

4. 和田浩一 [日]. 室内设计基础，中国青年出版社，2014.1

5. 张书鸿 . 室内装修施工图设计与识图，机械工业出版社，2013.7

6. 王东 . 室内设计师职业技能实训手册，人民邮电出版社，2017.9

chapter 1

装饰风格

装饰风格分为许多种，每一种都依据文化背景逐渐形成，具有鲜明的时代特色。明确装饰风格有助于设计师把握好设计的切入点，业主也可以更加清晰地表达主观意向，从而达到理想的装修效果。常见家装市场风格，可以分为：中式风格、欧式风格、日式风格、现代风格、新古典主义风格、美式风格、地中海风格以及东南亚风格。
本章节主要通过简单风格介绍让装修小白了解装饰风格的大体情况。

chapter 1

1 中式风格

由中国古典建筑延续下来的中式室内风格，完美融合了优雅与庄重的双重气质。将中式园林艺术搬到室内，气质雍容细节考究的中式风格可以在室内营造出移步换景的装饰效果。浓烈沉郁的色彩、层叠错落的空间、厚重质感的装饰物……"没有中国元素，就没有贵气。"在风格各异千姿百态的装饰风格中，中式风格在中国家庭的地位是及其特殊的存在。

1.1.1 传统中式

传统中式风格主要是明清以来逐渐形成的，是最能彰显中华民族文化品味的一种风格。空间布局从空间上来说，传统中式多采用对称式布局。对称均匀、端正稳健的空间布局总体上体现出一种大气端庄的效果，展现出无与伦比的大家风范。高空间、大进深是传统中式风格的常见样式。

● 图1-1 传统中式装修风格

● 图1-2 传统中式装修风格

1
中式风格

传统中式十分讲究空间的层次感，屏风隔扇是常用来分割空间的工具。常见的屏风有金漆彩绘和木雕两类，在市场上可以直接买到成品。

隔扇则是固定在地面上，用实木做框架，中间由古朴或精巧的图案制成。对于一些较为开阔的空间，可以使用"月亮门"进行隔断，搭配精巧雕花，营造出古朴典雅的效果，成为空间中一大亮点。

传统中式风格中，家具的摆放通常是主次分明，遵循纲常伦理，一般都以突出主人地位为主要表现形式。

● 图1-3 屏风　　　　　　● 图1-4 隔扇

● 图1-5 中式红木家具

色彩搭配

空间色彩搭配讲究有深有浅，有重有轻，传统中式装修中，墙面主要是白色乳胶漆或是壁纸（浅色），地面使用地砖、地板、地毯均可，如地砖可选仿古砖，哑光材质的仿古效果散发出淡淡古典气息，而地板可选实木地板（番龙眼、橡木、柚木、二翅豆等）。

● 图1-6 色彩搭配讲究古朴的中式风格

装饰内容

由于现在居室的举架普遍不是很高，天花板可以做一些简单的吊顶，可以使用木材对吊顶进行包边，漆成实木色即可，在吊顶上可以使用雕花木线条进行一些点缀。

字画、卷轴、古玩、山水盆景、匾额楹联、织帐竹帘……别致且具有中式特色的装饰品渲染出一堂雅气，满室书香。

● 图1-7 匾额楹联

● 图1-8 花格屏风

1.1.2
新中式

随着国力的强盛，国人对中国文化自豪感逐渐上升，越来越多的人喜欢中式装修风格，由于中式风格多采用大量的实木材料且需要进行雕刻修饰，因此造价普遍偏高，并且中式造型复杂繁重，并不符合现代所有人的要求，于是一种更符合时代要求的中式风格由此出现。新中式风格既保留了传统中式的文化特色，又体现了追求高效精简的时代需求，打破传统中式的"沉稳有余，活泼不足"的特点，为中式风格注入新鲜血液。

装饰要点

1. 新中式风格将传统中式风格中重视地位与等级的表象形式逐渐转为舒适化、实用化，如一些装饰作用的柱子、花格窗、匾额、屏风等，可以根据实际需要进行删减。

2. 家具摆放更具有随意性，以造型更加古朴简约的明代家具为首选，也可与其他风格的家具进行混搭，只要保证视觉效果良好即可。

● 图1-9 新中式装修风格

● 图1-10 新中式装饰风格

3. 新中式风格更加强调传统文化中的禅文化，多使用天然装饰材料，如：竹、石材、棉麻、木材……不求精致，只求韵味，有时一些材料甚至完全在没有处理的情况下直接使用，目的就是保存其原有特色。

● 图1-11 竹子、石材在空间中的运用

4. 新中式风格整体色彩与现代简约风格类似，不会出现过多颜色。清浅简洁的墙面、富有质感的地面、别致的家具以及恰到好处的装饰，寥寥数笔，勾画了新中式的设计形态。秉承"中庸"之道传统文化下的装饰风格从不强调以色彩夺人眼目，但是，有时也会巧妙的使用一些纯度较高的色彩对空间进行修饰。

● 图 1-12 简约不失韵味的空间效果

● 图 1-13 现代家具与中国元素碰撞下的新中式

中国特色色彩可参考中国画颜料，色彩斑斓却不刺眼，往往都如同附上一层薄纱的效果，如牙色、鸦青、胭脂、绛紫等。

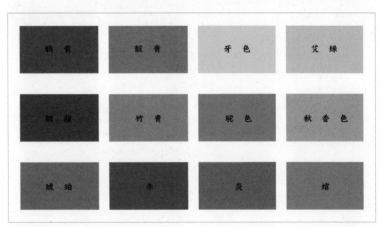

● 图 1-14 中国色（部分）

　　欧式风格主要适用于大面积的空间，尤其是以欧式建筑造型为主的住宅，豪华、大气是欧式风格的气质表现。欧式风格注重繁复的装饰，精美造型与华丽色彩交相辉映，一切都以精致贵重的形式表现出来，对空间精美程度的追求达到一种极致，是欧洲人对古典宫廷风格的向往与延续。

　　经过长期的历史变迁，深受文艺复兴影响的古典欧式风格给人雍容华贵的视觉效果，主要适用于别墅会所等面积较大且高举架的场所。古典主义风格强调线条的流动性，空间中处处可见装饰曲线，无论是石膏线上的花纹，还是拱形的门窗，均带来不一样的视觉效果。

1.2.1 古典主义

　　古典主义风格提倡自然化，没有对称法则，造型往往充满趣味性。地面一般以大花纹的石材地砖或深色木地板为主，石材会搭配欧式拼花或波打线，打造华丽地面效果。墙面基础装饰一般使用欧式壁纸、高档木饰面板、各式石膏线条。顶面则根据实际高度进行吊顶设计，如平面吊顶、异形吊顶、格栅式吊顶、藻井式吊顶等，造型丰富多样，配合灯带与装饰材料，营造出如同宫殿般的华丽效果。

　　白色、金色、褐色是古典主义欧式风格的常见主色调，用色丰富，艳丽柔和，高雅却并非追求奢华，追求高贵与艺术感才是古典欧式的文化内涵。

装饰重点

　　门窗造型、罗马柱、天花、壁炉、灯饰、家具、挂画等。

● 图 1-15 古典主义装修风格

● 图 1-16 壁炉

● 图 1-17 罗马柱

1.2.2
现代简欧

简欧风格是一种继承了传统古典欧式元素，结合现代时尚生活元素而形成的普遍程度较高的装饰风格。简欧风格大气优雅，没有过多繁琐的装饰品，给人感觉舒适而惬意。简欧风格兼容性比较强，并且颇具实用性，无论是平层居室还是别墅，都可以使用这种风格。

  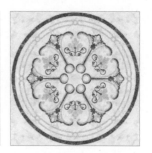

● 图 1-18 欧式元素纹样

简欧风格在结构上摒弃传统欧式中过于复杂的装饰与肌理，简化线条，但是包保留了欧式文化底蕴与历史痕迹。简欧风格改良了传统欧式中浓厚的欧洲气息，浅色为主，深色为辅，以象牙白为空间主色调，空间变得通透而轻符合国人内敛的审美观念。

掌握简欧风格的要领，最主要是理解欧式文化的精髓：波状图案、花梗、葡萄藤等自然界的美丽图形可以在细节中展现简欧的魅力；用铁质构件、玻璃等新工艺材料做装饰亮点，如菱形拼花的茶镜背景墙；西式风情的壁灯摇曳在墙面上，给明快简洁的房间增添了西方文化独有的浪漫情调。

为了更好地营造欧式氛围，可以增加一些西方摄影作品、名家艺术挂画或是类似的壁纸墙绘，将西方艺术引入空间中，体现主人的文化涵养与艺术品位。

● 图 1-19 现代简欧 1　　● 图 1-20 现代简欧 2

在物产丰饶、自由奔放的风土人情与多样化的建筑形式影响下形成的地中海风格有着海风般清新明快的艺术特色。近年来，地中海吸引了许多年轻群体的注意，如右图所表现的，与其他风格的精致讲究不同，纯净的色彩与"不修边幅"的线条，处处彰显着自由与活力。

材料选用

原木、石材、马赛克、细沙、大量绿植等自然材料在地中海风格中随处可见。

与欧式的隐秘性与严谨性不同，地中海风格的格局往往是开阔的，开放型与通透性是这一风格的设计语言。它的边角处理是随意的，如同孩童捏的泥塑一般圆润，充满了偶然性，墙面也是如此，时而是不经意的涂抹，形成不平整的表面，时而又是刻意拉毛，充满趣味。这种刻意的"偶然"，正是地中海风格的独特魅力。

● 图 1-21 希腊

地中海风格主色调搭配

● 图 1-22
白色与蓝色：整个空间仿佛融入希腊海洋般的梦幻效果，碧海云天。

● 图 1-23
土黄色与红褐色：沙漠、岩石、泥土等自然景观色彩，独具异域风情。

● 图 1-24
黄色与绿色：绿色的生机以及如阳光般的黄色，如同一幅优美的画卷缓缓地在眼前展开。

4 田园风格

　　田园风格源于乡村文化，崇尚回归自然，力求展现舒适悠闲的田园生活情趣。在田园风格中，随处可见陶、木、藤蔓接近自然是田园风格不变的主题。

●图1-25 田园装修风格

田园风格给人一种精致优雅的直观感受，大量碎花图案充斥整个空间，装饰挂饰一般也都有精巧的花式。墙面一般使用浅色的碎花壁纸，搭配同色系线条优美的欧式家具，地面使用木地板或复古地砖均可。装饰结构上没有太多的条条框框，门窗制成弧形或方形均可，天花可使用天然木材制成宛如棚架的样式，也可制成造型规矩的欧式吊顶，需要注意的是形式要以简洁大方为主。

●图1-26 田园风格的庭院

●图1-27 灵活运用自然素材

北欧风格，顾名思义是欧洲北部地区沿袭下来的艺术风格。北欧国家如瑞典、芬兰、挪威等，受地理环境影响，冬季时间较长、气候寒冷、森林资源丰富，由此形成独特的北欧室内装修风格。此风格简单大气，又不复杂繁琐受到时下很多年轻有品位的业主喜欢，同时也特别适用于中小户型家庭。

在北欧风格中，木材占有重要地位，基本使用未经精加工的原木，很好的保留木材独特的质感与色彩。北欧建筑普遍是尖顶、坡顶造型，在室内空间中可以装饰原木制成的梁、椽结构，即人们常说的"假梁"。

北欧风格擅于吸收自然元素，使用木、藤、柔软的棉麻材料等材料作为空间中的主要元素，可以加入一些其他材质，无论是金属或是玻璃等，都以自身原始特性妆点整个空间。

● 图1-28 北欧装修风格

● 图1-29 崇尚极简自然的北欧风格

色彩方面，北欧风格以纯净的浅色为主，尤其是黑、白、灰，这些浅色与原木色搭配，创造出宁静舒适的氛围。

北欧风格是典型的极简主义，空间中少有弯曲造型，大多都是笔直的线条。在装饰物上，不会出现复杂的纹样或图案，仅用色块、线条来区分点缀，将北欧的简洁推向极致。

● 图1-30 直线装饰造型

6 | 日式风格

　　日式风格也称为和式风格，是由日本建筑风格的演变下逐渐发展形成的，受到中国文化中的禅意影响，日式风格十分注重意境的表达。同时日式风格温馨的感受也是很多中国家庭所接受，加上近两年日本强大收纳艺术的影响让时下大城市的户主主动选择这一风格。

一室多用

　　日本经济水平居世界领先地位，科技现代化程度非常高，日本民族传统而严谨，大部分建筑都是低矮紧凑的，日式的"一室多用"模式的实用性是其他风格无法比拟的。白天，空间可当作客厅、餐厅使用；晚上，将卧具置于榻榻米上，可以当作卧房使用，日式空间的地面下方还可以当作储藏空间。

● 图1-33

● 图1-31 日式装修风格

结构特点

　　充分利用所有空间是日式风格的一大特点。不尚装饰，重"小、精、巧"，原木、白墙、木格推拉门都是日式空间中的常见装饰元素。结构上敞亮通透，摒弃曲线，使用明晰的几何感线条，尽显干净利落特质，空间采光幽柔润泽，营造沉静的和式氛围。

● 图1-32 多功能型房间

● 图1-34 轻巧的日式结构

材料选用

　　从整体结构到室内家具，天然木构成了日式建筑，相比铁质金属，木材触感更加柔和绵密，多一分家的温暖感觉。除了色彩与质感，材料的环保性也是尤为重要的。

● 图 1-35 浅色木材是日式装修风格的主要装饰材料

● 图 1-37 日式装修风格餐厅

● 图 1-36 木质纹理大量运用

● 图 1-38 日式装修风格客厅

7 | 东南亚风格

"气候决定空间与结构，物产决定材料，宗教信仰决定色彩与装饰。"受气候影响，东南亚风格空间一般采用半开放式，无过多屏障。处于多雨富饶的热带，装饰风格一般是直接就地取材，如泰国木皮，印度尼西亚河道里的海藻等，营造原始风情的热带雨林室内装饰效果。神秘的原始宗教信仰也给东南亚风格赋予了与众不同的个性气质。这一风格在一般家装市场主要多见与南方或者大型别墅的装修中，更符合热带气候和大空间。

:::: 空间装饰

墙面：原木与石材作为主要装饰材料，展现原始美感，或是墙漆搭配深色木条，健康且造型丰富的硅藻泥也是东南亚风格的首选。软装搭配富有宗教气息装饰画与几何图形，更显肃穆神秘氛围。

门窗：门楣雕刻装饰是西方文化成功融入的结果，结合当地特色的藤、编织木皮等材料，古朴而富有质感。

天花：顶面如同中式木梁几何排列，人字形屋顶也是常见造型，高挑的屋顶纵向开阔视野。

地面：地板多用深色系木地板或仿古砖，带着泥土清香气质。搭配地板，地毯是地面不可缺少的东西，多是棉、麻、纤维等天然材质，体现随意而异域的感觉。

家具：东南亚风格大部分是编织而成，藤条与竹木是东南亚风格家具材料的首选，可以轻松打造精致或粗犷的特色家具。木质家具也是应用广泛，以深褐色系为主，如泰国常用的柚木。

装饰品：东南亚风格装饰物品多与宗教事务相关，如佛手、莲花、大象等。此外，还有木质小饰品、牛皮纸灯、陶土工艺品等。

空间基础装修部分色彩以沉稳为主，而软装部分如窗帘、布艺可采用大胆的配色方式，沉稳与跳跃色彩搭配，空间会更加协调、具有观赏性。

● 图1-39 富有宗教色彩的东南亚风格

● 图1-40 特色装饰摆件

8 | 现代风格

现代风格起源于包豪斯学派，主张打破传统枷锁，强调"少即是多"。现代风格的"少"并非没有装饰性，而是擅长发挥材料自身的特性美感与合理的空间构成。这一风格在这几年的家装市场广受追捧，简约但不失品位，符合都市人的需求和审美。

现代风格的空间划分不再以房间为主，而是依据逻辑关系划分，如会客、餐饮、睡眠、工作等，并且空间的划分不再借助实墙，更多的是根据色彩、天花造型、地面进形区分，这种划分方式表现出更多的兼容性与灵活性。

● 图1-41 现代风格建筑

● 图1-42 现代风格装修风格

装饰要素

1. 现代风格一般要求格局通透宽敞，根据实际需求进行墙体拆改。

2. 从色彩上来说，基调色以棕色系以及灰色系为主，棕色系有象牙色、棕色、茶色等，灰色系有浅灰、中灰、绿灰、蓝灰等。大面积使用白色也是现代简约风格的一个特征，黑色、银色、灰色同样是展现现代风格的颜色，明快而冷静。此外还有一种表现现代色彩的颜色搭配，就是使用鲜艳且对比度强的色彩，打造独具艺术特色的个人风格。

3. 现代风格主要分为两个流派，一是风格派，一是高技派。风格派属于一种艺术倾向的流派，以和荷兰为中心的现代艺术风格主张消除与自然具象的联系，以点、线、面、原色为主题。而高技派则是现代高科技融入生活中的一种风格，常使用新型材料，如铝合金、不锈钢、透光水泥等作为室内装饰或家具摆件。高技派热衷于将管道外露，并使用构件节点清晰精致的家具家电作为空间装饰的一部分，尽显现代工业风格。

● 图1-43 灰色色调室内装饰

● 图1-44 图形在室内的应用

1. 朱丽.日落，文艺理论与批评，[J]，2017.3.

室内设计这一艺术学科并非一开始就存在，相反的，建筑却一直有着不可替代的地位。纵观整个人类文明的发展历程，从未停止过对艺术的追求，对生活环境的改造与美化，世世代代的积淀与衍生孕育了多样的建筑风格。建筑设计往往承载着一片地域、一座城市，乃至一个国家里的人类艺术文明的精华，而室内设计，就在建筑历史的发展中，渐渐成型了。

建筑内部的空间设计最初是作为建筑的一部分由建筑师完成的如图 1-45 所示，而发展到一定程度时，一些工具与产品的兴起，如家具、纺织物、装饰材料、装饰风格、电器设备……与人生活密切相关的室内的设计逐渐作为一门专业的学科被分离出来，如图 1-46 所示，它包含了空间布置、灯光效果、软装摆设等多项内容，它不仅可以重新回归建筑领域，亦可当作一门单独的艺术，为人类打造更加丰富多彩的世界。

● 图 1-45 建筑大师安东尼奥高迪的作品——巴特罗公寓

● 图 1-46 现代室内设计

● 图 1-47 航空风格主题餐厅

chapter 2
室内装修设计

室内装修设计是什么？对于普通装修
小白来说理论不是关键，但涉及到家
装装修中的技巧、注意事项才是他仍
最为关心的。室内，即是建筑物的内
部空间，而室内装修设计就是对建筑
物内部空间进行合理分配以及营造良
好感官效果，是随着建筑设计的发展
应运而生的一大设计类别。

1 室内设计人员

室内设计师的工作是在建筑施工构造的"骨架"上填充"血肉之躯"。室内设计知识面牵扯广泛并且体系复杂，空间的效果优劣很大程度上依赖于设计者自身的专业水平，需要在完善自身基础的同时，不断更新自身的知识技能，对于室内设计者来说，自身的提高是永无止境的。

室内设计人员一般分为两种，一种是专业人员、一种是非专业人员。专业的设计者通常称为设计师，即经过特定的培训与学习，具有较为出众的艺术创作与审美能力，在有限的条件下，把控制项目的时间进展、成本预算、施工工艺、材料选择、功能配置、装饰风格等多方面内容。并且与客户建立和谐的关系，沟通了解客户的需求，将想法落地转化现实。可以说，设计师是设计项目的重要核心，设计师的专业水平将会直接影响到最终成功。

● 图 2-1 设计师

由于发展的不同，不同国家的室内设计行业要求也不尽相同，在发达国家室内设计行业发展较成熟，对从业者有着较高的要求与约束，例如美国曾由美国国家室内设计资格认证委员会提出室内设计的定义，并明确室内设计师的职业范畴。国内的室内设计行业也属于上升的发展状态，随着房地展的兴起，大批人群投入火热的室内设计行业，但由于发展时间尚短，相关体制尚不完善，就从业者考核管理方面仍十分松散，虽然存在一些专业性资格考试，但是实质上社会并未对此有明确的标准与约束，设计水平参差不齐。

非专业的设计者一般指由未经过专业培训，也并非室内设计从业人员，通过兴趣自学相关知识，对室内进行较为随意创作的设计者。这类设计者大多仅是对一些要求不高、有较为灵活的运行结构，且主要是对内提供使用的项目进行处理，例如自己家庭居所内的空间设计，业主可以根据自己喜好与需求，对居住空间进行合理装饰改造。但是，一般而言，此类型设计者往往仅能承担一些小型简单的设计项目，一旦涉及大型设计项目，如空间结构复杂（别墅、复式楼等）、体量较大（200平方米以上空间），或是公共性空间（店铺、餐馆、办公空间等）设计时，其中包含许多专业性质的理论知识与实践经验，此时，仅靠非专业型设计者难以独自成功完成整个项目。

	施工项目	单位	数量	单价（元）	小计（元）	备注
7	阳台地面找平	m²	6	35.0	210.0	
8	包水管	根	1	160.0	160.0	红转、河沙水泥、人工、辅料
				小计	3109.8	
二	客餐厅及过到					
1	顶面乳胶漆	m²	32	38.0	1216.0	多乐士"恒钻五合一"一底两面，双色，每加一色另加150元；批刮腻子两遍、打磨（如机喷另加1元／平米）
2	墙面乳胶漆	m²	74	38.0	2812.0	
3	电视背景墙	项	1	600.0	600.0	详见客厅电视墙立面图
4	地面铺砖	m²	32	42.0	1344.0	
5	石膏板吊顶造型	m²	19	105.0	1995.0	木条、石膏板、防火焰涂料、人工费
6	暗藏灯槽（赠送）	m²	14.2		0.0	木条、石膏板、防火焰涂料、人工费
7	鞋柜（赠送）	m²	1.65		0.0	
8	阳台实木门套	m²	7.5			
9	阳台塑钢门撤除	项	1			
10	清漆（赠送）	m²	5		0.0	

● 图 2-2 预算单（局部）

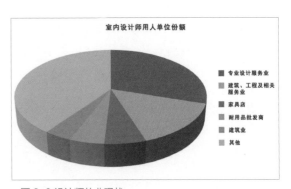

● 图 2-3 设计师从业现状

2 房屋建筑结构分析

与种植植物相同,室内设计也要"因地制宜"。房屋的结构关系到安全问题,因此必须谨慎对待,在设计的开端,首先要进行的就是进行结构分析。建筑结构主要是指梁、柱、墙之间的构成关系,分为六种:钢结构、钢、钢筋混凝土结构、混合结构、砖木结构和其他结构。因此了解建筑结构是不可缺少的部分,也是后续设计进展的基石。

砖混结构

砖混结构是指一种包含了砖与混凝土的混合结构,砖为承重体,混凝土来构建框架,即竖向承重墙用砖或砌块砌筑,而构造柱、横向承重梁、楼板等则采用钢筋混凝土构建。

● 图 2-4

优点:造价较低、取材便捷,容易施工、耐火耐用。

缺点:从来理论上来说,砖混结构的牢固性与隔音效果并不是最理想的,并且建筑层数不得超过 6 层,因此不适用于复杂的建筑形式(如对层高与房间构造有要求)。在 7 层以下民宅建筑中,砖混结构比较多见。

可以看出,砖混建筑虽有一定的局限性,但就目前而言,仍是一种距离人们生活较近的、不可替代的建筑结构。

设计要求

砖混建筑中,很多墙体是承重砖墙,不允许拆除,在设计室内空间结构时,注意只能改动非承重墙,门窗洞口也不宜开的过大。区分承重墙与非承重墙的直接方法是看原始结构图,厚度为 240mm 左右的墙体一般为承重墙,而不超过 120mm 厚度的墙体是非承重墙。

框架结构

框架结构又称构架式结构,是指由梁和柱以钢筋连接构成承重体系的结构模式,其承重原理是梁与柱之间抵抗产生的水平荷载与竖向荷载。根据房屋的层数分,可以分为单层与多层,按跨数分则是单跨与多跨,常见的框架结构为混凝土框架。框架结构多用于 10 层以下的多层公共建筑,例如商场、办公楼、学校等。

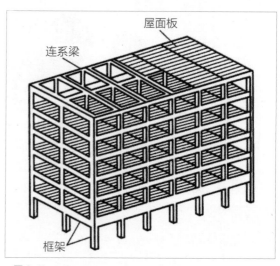

● 图 2-5

优点:室内空间大并且分隔灵活,房间隔墙大多可以随意拆改,满足内部空间复杂要求。自重轻、节省材料,现浇混凝土框架结构具有良好的稳定性,框架结构的梁与柱均有标准规格,利于装配整体式结构。与最多能建几层的砖混结构不同,框架结构可做到几十层。

缺点:框架结构施工过程中,吊装次数多、工序多、接头工作量大、浪费人力,施工受季节与环境影响大,框架柱间距较大,不适用于民用住宅。

设计要求：

框架结构主要由梁柱组成，此外的分隔墙体一般均非承重墙，在设计中可以充分发挥创造力对其室内空间进行改造。

钢结构

钢结构是指由钢柱、钢梁、钢桁架组成承重体，各构建之间采用焊缝、螺栓、铆钉连接。虽然钢结构由钢架组成，但从力学角度上来看，它其实是一种柔性结构，甚至地震对其都不会造成太大影响。钢结构主要应用于大型厂房、场馆、超高以及特殊造型建筑（钢结构可以修筑到 500m 以上）。

● 图 2-6

优点：钢结构具有强度高、整体性好、自重轻，适用于跨度较大、盖度高、承载重的建筑形式。钢材材质均匀、结构稳定，并且制造安装的机械化程度高，从工厂机械化钢材生产到材料运输再到工地拼装，工期较短、生产效率高，钢结构可以说是工业化程度最高的一种结构。

钢结构有非常重要的一个特点，即是低碳、环保、节能，钢结构建筑拆除基本不会产生建筑垃圾，钢材可以回收重复利用。

缺点：由于钢材的本身材质特点，钢结构的耐腐蚀性较差，并且不耐火，所用钢结构都需要采用特殊的前期加工手段以及后期保养维护来提高钢结构的使用效果，钢结构的保养费用也比较昂贵。

设计要求：

钢结构室内空间可以进行多方案分隔设计，灵活而丰富，可以进行大开间设计。钢结构除了应用与厂房、办公楼外，还可以用于民宅，许多个性民宅或商用建筑是采用钢结构的形式建造而成的，在进行室内设计时，可以根据钢结构本身特点进行造型上的多变改造。

剪力墙结构（结构墙）

剪力墙可称为结构墙，以混凝土梁与混凝土墙代替框架梁柱承重的结构被称为剪力墙结构。剪力墙结构可以承载各种荷载引起的内力，具有稳定的结构控制水平力，在现代高层房屋建筑以及房型复杂的多层洋楼别墅中被大量应用。

剪力墙的高度一般与整个房屋相等，高达几十米至一百多米，宽度与整个房屋的宽度相等，多为几米至几十米，但它的厚度很薄，通常为 200mm-300mm，最小可达 160mm。

● 图 2-7

优点：剪力墙结构承重体为片状混凝土墙体，无柱无梁，房间内不见梁柱棱角，更适用与住宅建筑。混凝土墙抗震能力最强，有很强的安全性。

缺点：剪力墙结构需要用大量混凝土，自重大，所以对高度有一定限制，不可超过 150 米。剪力墙间距不可能太大，不适用与大空间格局的房屋建筑。

设计要求

摈弃柱体与横梁的剪力墙结构使空间变得更加简洁美观，但是剪力墙由于是承重墙，因此设计时需要注意，剪力墙不可拆改。

框架剪力墙结构（框剪结构）

剪力墙可称为结构墙，以混凝土梁与混凝土墙代替框架梁柱承重的结构被称为剪力墙结构。剪力墙结构可以承载各种荷载引起的内力，具有稳定的结构控制水平力，在现代高层房屋建筑以及房型复杂的多层洋楼别墅中被大量应用。

剪力墙的高度一般与整个房屋相等，高达几十米至一百多米，宽度与整个房屋的宽度相等，多为几米至几十米，但它的厚度很薄，通常为200mm-300mm，最小可达160mm。

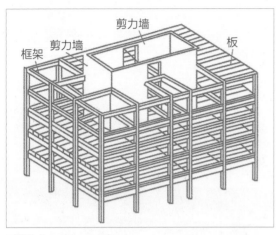

● 图2-8

在框架结构中布置部分混凝土墙体叫做框架剪力墙结构，结构灵活，可满足不同的建筑功能需求。主要用于10层-20层的建筑，如办公楼、商场、酒店。

优点：抗震性能与剪力墙结构一样坚固，并且室内空间的使用灵活多变，具有较大的空间优势。

缺点：剪力墙需要用大量混凝土，自重大，所以对高度有一定限制，不可超过150米。

● 图2-9 混凝土结构别墅

设计要求

在设计中利用框架剪力墙的结构特性，进行灵活多变的巧妙设计，需要注意的是，剪力墙不可拆除。

房屋建筑结构虽属于建筑范畴，但室内空间作为建

筑的一部分，建筑的特性也将会一定程度的影响到室内空间。如图2-8是保留墙面与顶面混凝土原墙效果，混凝土独特的原始肌理为空间增添了与众不同的气质；图2-11是日本建筑设计师隈言吾的作品《竹屋》，回归自然，以竹为建筑材料，室内多以青石、竹、木等材料为装饰素材，营造"山水宁静，此室安好"的空间氛围。

● 图2-10 红外线测量仪

● 图2-11 竹屋

注意事项

大多数的房产都由建造方提供结构图纸，而由于各种原因，这种图所出具的尺寸与实际并不一定完全符合，设计人员可以携带专业的测量工具如图2-6所示，进行重新测量，并考察现场的实际情况，例如墙体构造的相关内容：考察墙体的材质，是否能进行拆改，是否为承重墙体、墙体与梁的结构关系以及墙体是否存在不能移动的设备等。不同的地产商建造的房屋质量不同，虽然都在标准范围内，但仍有较大差别，实际考察时，要细致观察，充分考虑设计项目实施的安全性、适用性与持久性。

chapter 2
3 | 室内空间结构分类

室内空间设计首先应当具备使用价值，满足相应的功能需求，作为现实服务的实用性学科，其实际使用意义与它所带来的艺术感受同样重要，甚至可以说，如果盲目追求视觉效果而破坏了功能性的室内设计是不切实际的表现，也是设计的一大禁忌。装饰性与功能性相辅相成、协调统一才最能完美体现室内设计价值。

空间的功能性主要由空间的实际性质决定，不同的性质对其内部各区域的要求各有不同，例如办公空间需要配有前台接待区、会议室、工作区、茶水间等；餐饮空间则需要有收银接待区、就餐区、厨房、设备间、卫生间、办公室等，由此可以看出，一个健全的室内空间，结构中必将包含许多不同功能区域，这些区域将给使用者带来舒适与便利。因此，在设计之前，需根据空间的性质与需求，罗列出各项使用功能，再通过分析这些功能间的关系（是否有关联性或对冲性），将室内空间进行合理划分。如图 2-12 与图 2-13 所示，是商业空间与住宅分区举例示意。

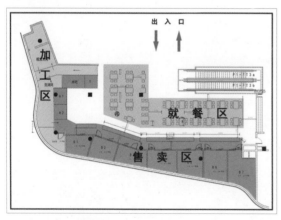

● 图 2-12 商业空间分区

● 图 2-13 住宅空间分区

住宅空间为例

室内空间结构其实就是指户型结构，室内设计时，应考虑到户型，利用原有空间尽心合理地改造，将空间的利用价值达到最大化。住宅空间对人而言十分重要，大部分人一生将有二分之一的时间都在住宅空间里度过，因此需要具备满足日常生活需求的功能，如睡眠、饮食、接待、休闲娱乐、办公、储藏等。

常见的空间功能主要有以下几项：

玄关

　　玄关是室内私人空间与外部空间的过渡区域，避免来访者直接将整个居室一览无余。玄关往往还兼具着门面作用，玄关设计可以当作亮点，给客人留下良好的第一印象。此外，玄关需提供一些换衣脱鞋挂帽以及存放背包、雨伞等功能，方便人的使用，如图2-14所示。

● 图 2-14 玄关

起居室（客厅）

　　起居室一般是家庭团聚、娱乐、休息、视听、会客的场所，根据使用人的需求与习惯，满足更好的家庭康乐活动要求，如图2-15。起居室一般需要放置的物品较多，所以设计以宽敞明亮、通透感佳为优，布局时应保证空间不被影响和干预。

　　在空间划分时，可以运用沙发、茶几与灯具作为会客与就餐区的主要视觉区分，又有间隔的区分，又有联通的便利，此外，大气的吊顶既可以为客厅赋予特定的氛围，而且可以起到明确功能分区的效果。

　　从结构上来说，可以尝试打破室内空间固有结构，例如去除客厅与阳台的遮挡，如同2-16，将空间贯通，扩大客厅的面积，是现代人开放自由审美观念的体现。

● 图 2-15 起居室

● 图 2-16 阳台打通效果

餐厅

餐厅主要功能是家庭用餐、宴请亲朋的空间，如图 2-17。就餐是群体活动中一个活跃部分，国内外均是如此。餐厅形式通常分为开放式与不开放式，而封闭程度主要是由房间的数目与家庭生活方式决定的，许多家庭甚至没有固定的就餐空间，可能会有两种或多种，它们与其他空间结合，分布在各个角落，根据实际需求来使用。

餐厅设计的注意事项主要有：位置临近厨房，易于出入，方便上菜与整理餐具，对客人与主人来说一定要便利；最好不要有过堂风，适当的通风状态会给人带来舒适的感觉；餐厅的家具较少，在选择上以舒适实用为主，结合家庭成员与日常宴请宾客人数，确定好餐桌的尺寸与摆放位置，保证符合人的正常使用不受影响。

● 图 2-17 餐厅

厨房

现代科技给厨房带来巨大变革，各种高科技的设备使厨房变得清洁、便利。对需要亲自烹饪的家庭而言，厨房是重要的功能空间，厨房空间的设计也是住宅空间中涉及专业知识较多的地方，如图 2-18。厨房的设计即是将厨具、电器、橱柜进行合理的布局，实现功能空间一体化。设计基本依据是成员身高、色彩喜好、使用习惯、文化修养、照明设计以及人体工程学等，淋漓尽致地展现了科学与艺术的完美结合。

厨房的设计需要遵循流动线：洗涤 - 加工 - 烹饪，为了方便使用，加工与烹饪处于一条水平线为宜，流畅的操作环节会使繁琐的厨房操作变得有条不紊。

注意事项：

1. 考虑到安全与排烟，灶台的位置最好不要处于门口或窗下，防止火被风吹灭。最适宜的放置位置是靠近外墙区域，一是便于安装抽油烟机，二是避免风对灶台直吹。

2. 距离地面 70cm-185cm 区域是舒适存储区，最适宜放置常用物品。吊柜的最佳高度是距离地面 145cm，吊柜的深度也不宜过大，40cm 最合适，而底柜采用大抽屉柜可以免去取物时的麻烦。

3. 冰箱是厨房中使用频率高且比较占空间的物体，随便放置冰箱会带来使用者的不便。最适宜的位置是

● 图 2-18 相互呼应的餐厅与厨房

靠近厨房门口，不仅方便厨房内部的使用，而且在其他空间的人想要从冰箱取物时，也不必穿过厨房。（当厨房空间较小，出现门不方便打开的情况时，可以考虑使用推拉厨房门）。

4. 烤箱可放在灶具下方，附近最好有一个操作台面。

5. 洗碗机可布置在与水池相近的地方，方便上下水源……

厨房可根据生活需求购置，只要对操作习惯考虑周全，即可布置出一个合理的厨房空间，如图 2-19。

● 图 2-19 现代风格厨房

● 图 2-20 烤箱位置、内置型抽油烟机以及推拉门效果

书房

主要功能是阅读、书写、工作、密谈等，如图 2-21。

根据自己喜好与需要定制的书房是大多数现代人都梦寐以求的，书房空间的设计关键在于照明采光与空间氛围。作为工作阅读的场所，为了保护人的视力不受伤害，书房对采光有着较高的要求，光线不可过强或过暗，避免阳光直射书桌，并且配置专业护眼台灯。书桌可安放在窗口附近，开阔的视野可以让疲惫的眼睛与精神得到放松与休憩。

静谧是书房的特性，在装修时，可以采用隔音材料对室内外噪音进行降噪处理，例如墙、顶面可用吸音石膏板吊顶、吸音 PVC 板、隔音软包装饰等；窗帘也可选择厚实材料；地面铺设材质相对柔软的木地板或是地毯。

除了硬件设施上需要注意外，书房还是展现居住人生活情趣与审美情操的重要空间，几件艺术品、一副亲手绘制的画卷、品味超然的墨宝……点缀其中，书房的韵味就渐渐成型了。

● 图 2-21 书房

卧室

卧室提供睡眠、休息、梳妆、储藏等功能，如图2-22。正常情况下，卧室的面积不大（也不宜过大）但是需要摆放的东西较多，它不单是提供休息的场所，还包括了休闲、梳妆、卫生保健、储藏储物等多种功能，有条件的卧室还包含卫生间以及户外活动等区域。

基本配置：床、床头柜、休息椅、衣柜、梳妆台等。

卧室的多功能性常常令人觉得空间不够，因此，巧妙的设计与家具的配合可以将空间进行有效扩展，如图2-23。还需注意的是，在布置摆放家具时也要充分考虑，人在使用时不会出现磕碰受伤的情况。

● 图 2-22 简欧风格卧室

● 图 2-23 多功能家具与卧室空间

卫生间

卫生间的设计主要包括洗漱、沐浴、如厕等生理需求，如图 2-24，不合理的卫生间装修不仅仅影响美观，还会给健康带来隐患。

卫生间的最小面积是 $3m^2$，低于此数值的卫生间

将会无法满足使用需求（坐便、花洒、洗面柜）。合理的卫生间空间可区分干区与湿区，干区可用来存放一些卫浴用品。卫生间易积攒潮气，所以通风很关键，没有窗户的卫生间空间需做好换气排风措施。

● 图 2-24 卫生间

4 | 合理的空间布置

什么样的空间设计可称之为合理设计？即考虑人的行为发展与相互关系的和谐，综合利用技术手段与艺术手段创作出满足人生理与心理需求的室内环境，在保证安全的前提下，不断创新优化设计理念，实现设计的可持续发展。

2.4.1 空间布置基本方法

但凡是与设计有关，均脱离不了使用者，由此可见，沟通是设计必不可少的环节。想要设计出合理的空间布置，应了解使用者的兴趣爱好、人员构成、来访者情况、设备安装要求等。

分隔

用砖墙做隔断是最常见的用来分隔功能空间的形式，它具有稳定性与私密性，在建造过程中与建筑物一起落成，后期装修改造过程中如有需要也可使用，是最基本的空间分隔方式。

除此之外，还有其他形式的空间分隔方法，兼具艺术性与实用性，如：局部分隔（栏杆、帘、玻璃、博古架等）如图2-25；家具可以用来分隔空间，分绝对分隔和相对分隔，例如两个卧室之间用柜体代替，既起到分隔作用，又可以用来存储物品，或是用沙发进行相对分隔，一组沙发形成的区域作为隔断就划分出一个独立的起居室空间；使用绿植（花盆、花池、垂吊型植物）与水体（喷泉、水池等）同样可以起到一定程度上的分隔作用；地面采用不同的装饰材料或是相同材料不同图案的地面材质，是典型划分空间的方法，但仅是视觉形式上的分隔，不存在遮挡性；地面抬高或下沉，可以做到明确区分两个空间；顶面的凹凸变化、材料变化可以将区分感顺延至整个空间，并且将空泛的顶部区域变得富有情趣；还有一些是灵活的分隔形式，像屏风、隔断、推拉门等，属于可移动型，便于空间在分隔与联系中随意切换状态，如图2-26所示。

● 图2-25 博古架分隔

● 图2-26 玻璃推拉门隔断

线条与质感

线条与质感是设计师的设计语言，起到使空间相互联系的媒介作用。

垂直线条给人高耸挺拔感，水平线条则看起来更加平稳流畅。这种线条感可以应用在实际应用中，在处理较为低矮的空间时，可以多采用纵向线条，从视觉上拉伸高度；而在需要营造安稳舒适的区域时，不妨多使用平缓的横向线条。

质感自带一种微妙特性，如同人的性格，例如粗糙的质感给人一种质朴、沉稳、粗犷感觉，细腻的质感则带来精致和温柔的感受。同时，不同的材质也会营造出不同层次的室内空间，但是这并非仅是由材质的贵重与否决定的，廉价的水泥砖有时也可以做出高端大气的空间，价格不菲的大理石也可能出现低劣的视觉效果，问题不在材质本身，而是设计者如何使用与搭配。

电器与装饰物

在考虑空间内增加电器与装饰物体时，要规划好其尺寸与摆放位置，并尽可能地与空间内其他装饰元素相结合，满足人生活需要以及视觉享受。

● 图 2-28 装饰摆设

色彩与采光照明

光是神奇的魔法，可以在瞬间改变空间的个性。在室内设计中，光通过两种形式来展现，一是自然光，二是人工光，在功能上均需相互配合，满足空间内的照明、光质、光影适度、效率以及艺术效果。光源类型、灯具风格、光源色彩等需要结合整体的布局与装饰风格，是烘托气氛的关键因素。

● 图 2-27 装饰物上方投射光线

● 图 2-29 室内自然光影艺术效果

5 施工图纸绘制规范

　　施工图纸是室内方案设计主要载体与后期施工的依据，施工方会严格依据图纸上的内容进行施工，如果图纸出了差错，则会直接影响到实际效果，因此要求十分严格。从实际施工的角度考虑，施工图纸一般不提倡个性化的表示方法，清晰、完整、统一是基本制图规范。

　　施工图纸有相关的国家规定要求与业内统一习惯，详情可参照《房屋建筑制图统一标准》，如图 2-30。为了全方位表达设计要求，图纸通常由墙体定位图、平面布置图、天花布置图、地面铺装图、立面索引图、水路图、电路图、立面图、剖面图、大样图等，一些商业空间还要根据特定需求增加专业图纸，如监控设备图等。图上有清晰准确的尺寸标注，单位为毫米，不保留小数。图纸效果如图 2-31 所示。

　　专业施工图纸是涉及工程预算与施工，具有一定法律效益，一般由设计方提供，客户与施工方各执一份，如出现争议需调整，可三方共同协商进行修改。

● 图 2-30 《房屋建筑制图统一标准》

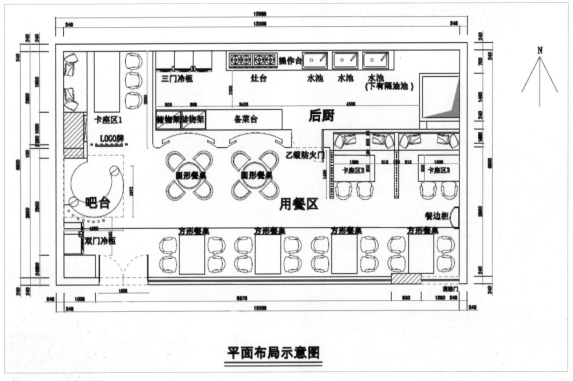

平面布局示意图

● 图 2-31 平面布置图

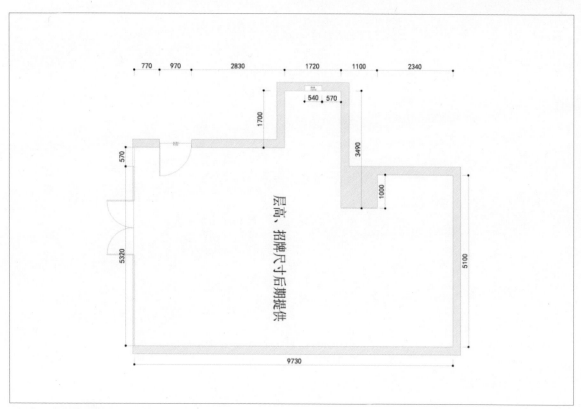

● 图 2-32 原始结构图

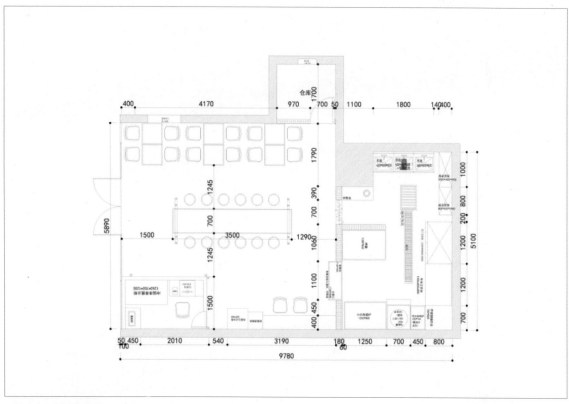

● 图 2-33 平面布置图

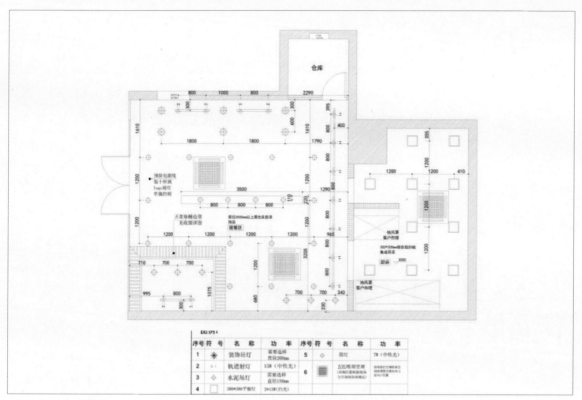

● 图 2-34 天花布置图

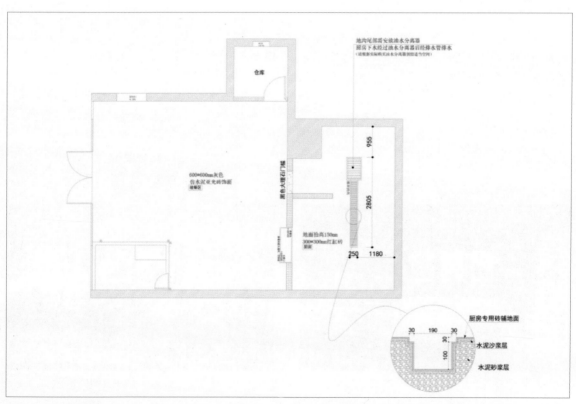

● 图 2-35 地面布置图

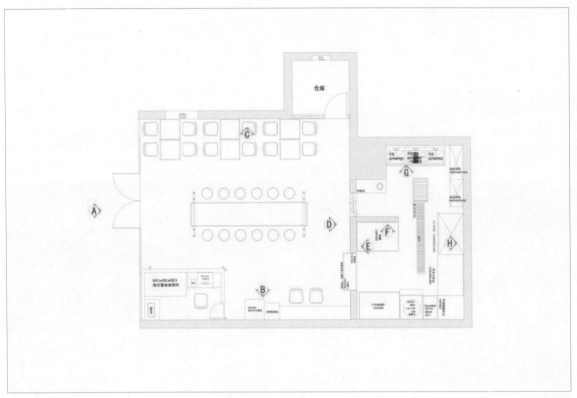

● 图 2-36 立面索引图

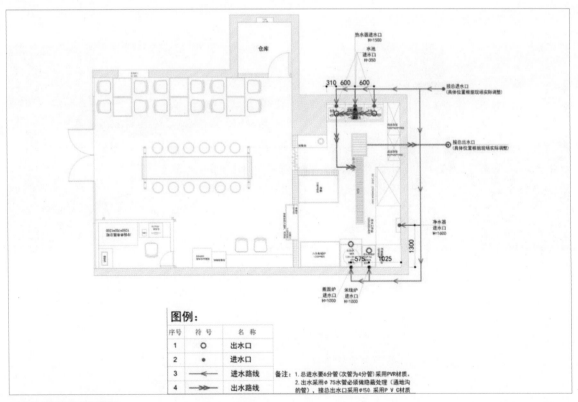

图例:

序号	符 号	名 称
1	○	出水口
2	•	进水口
3	←	进水路线
4	⇒	出水路线

备注：1.总进水要6分管(次管为4分管)采用PVR材质。
2.出水采用φ75水管必须做隐藏处理（通地沟的管），接总出水口采用φ150 采用ＰＶＣ材质

● 图 2-37 进出水布置图

● 图 2-38 强电布置图

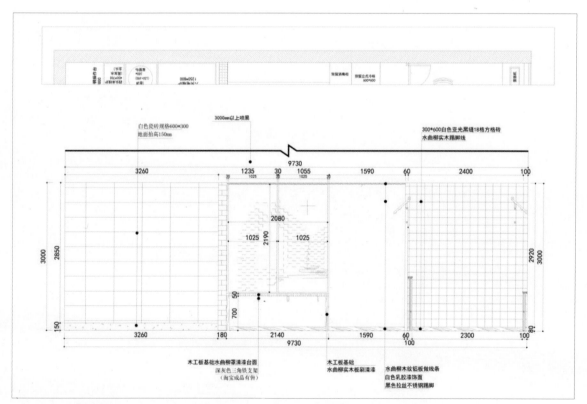

● 图 2-39 B 面立面图

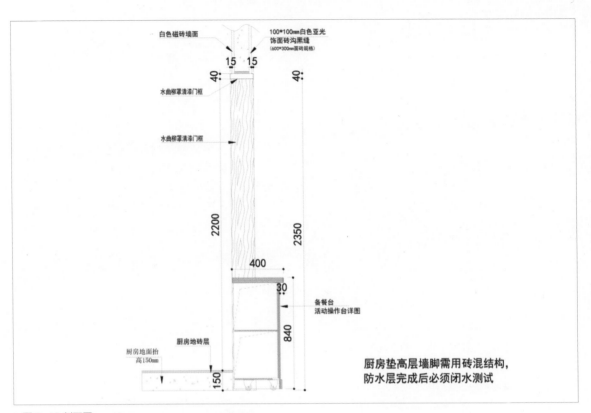

白色磁砖墙面

100*100mm白色亚光
饰面砖沟黑缝
(600*300mm面砖规格)

15 15

40

水曲柳罩清漆门框

40

水曲柳罩清漆门框

2200

2350

400

30

备餐台
活动操作台详图

840

厨房地砖层

厨房地面抬
高150mm

150

厨房垫高层墙脚需用砖混结构，
防水层完成后必须闭水测试

● 图 2-40 剖面图

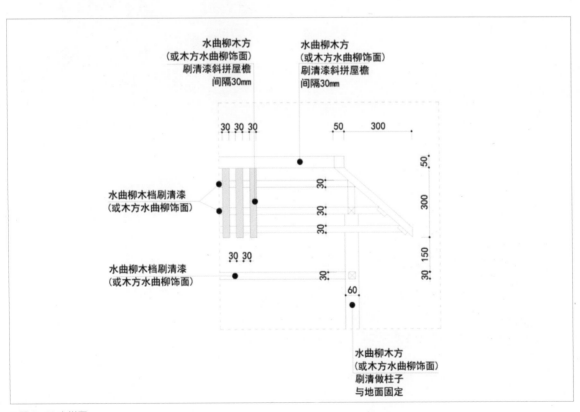

水曲柳木方
(或木方水曲柳饰面)
刷清漆斜拼屋檐
间隔30mm

水曲柳木方
(或木方水曲柳饰面)
刷清漆斜拼屋檐
间隔30mm

30 30 30

50 300

50

水曲柳木档刷清漆
(或木方水曲柳饰面)

30

300

30

30

水曲柳木档刷清漆
(或木方水曲柳饰面)

30 30

30

30 150

30

60

水曲柳木方
(或木方水曲柳饰面)
刷清做柱子
与地面固定

● 图 2-41 大样图

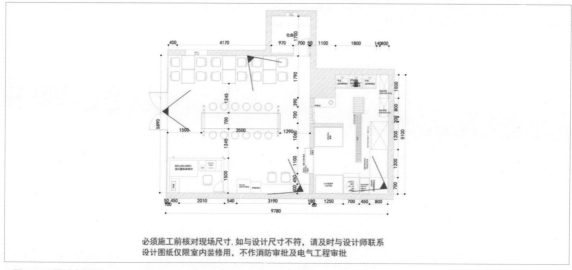

必须施工前核对现场尺寸,如与设计尺寸不符,请及时与设计师联系
设计图纸仅限室内装修用,不作消防审批及电气工程审批

● 图 2-42 监控布置图

室内设计是艺术的一种商业实用化延伸,除了必备的专业图纸有着严格的要求外,还有许多特殊有趣的表达形式,这些独特的形式是设计者对设计的补充表达,是创作灵感最初也是直接的记录方式,如室内外手绘效果图如图 2-43、44 所示、设计草图如图 2-45、46)、制作模型等,这些特殊的表达方式是设计者的艺术情感的表达,但不是必备条件。

● 图 2-43 室内手绘效果图

● 图 2-44 室外手绘效果图《外滩钟鼓楼》

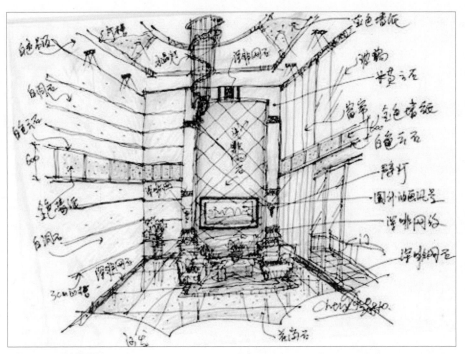

● 图 2-45 设计草图

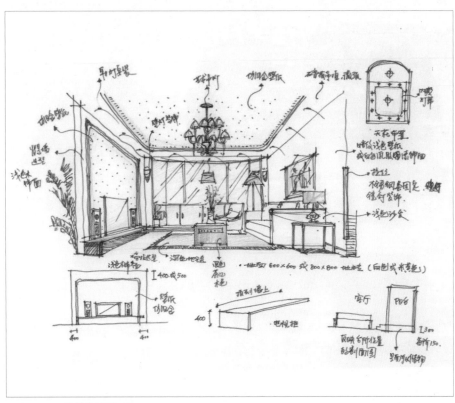

● 图 2-46 手绘草图材质标注

1.　朱丽 . 外滩钟鼓楼，短篇小说 . 原创版，[J]，2014.5.

chapter 3
装饰材料讲解
与施工要点

室内装饰材料是作用于建筑物内部的
墙、顶、柱、地等位置的罩面材料，
不仅可以装饰室内空间，改善环境，
还可起到防潮隔音、绝热防火等作用，
并且可以一定程度上延长建筑物的使
用寿命，是不可缺少的基材也是装修
工程这产主最关注的知识要点。

1 顶面装饰材料

室内空间中的顶面部分，通常被称为天花、顶棚或天棚。作为空间的顶界面，顶面是空间中各个组成部分的形状和形态的最直接表现，它与地面之间的部分，就是所谓的空间范围。

顶面装修是室内装修的重要环节，其颜色、材料、形式对空间氛围有着不可忽视的影响力，如图 3-1、图 3-2 所示。并且装修工程对顶面的安全性要求较高，应在前期进行设计时就充分做好考量规划，避免留下任何安全隐患。

选择顶面装饰材料的重点

顶面的设计主要是依据房子的结构、空间的功能与整体风格相互联系的,顶面形式简单可分为"吊顶"派与"反吊顶"派，即是否吊顶。

无论是在东方或是西方的古典风格装饰中，吊顶往往必不可少，主要是因为古典风格的建筑搭建结构较为复杂，并且纵向空间大，繁复美丽的顶面装饰不仅可以遮盖建筑结构（如横梁），也可以丰富空间内容。

别致的吊顶确实极大的掩饰了建筑空间顶部的先天缺陷，艺术风格顶面更是增加了空间中的文化氛围，十分重要但并不是必要的。现在大多数家庭房屋的使用高度在2.75 米左右，如果这种情况添入吊顶，将会大大缩减空间的高度，影响人的使用感受，并且过分冗杂的视觉效果会给人带来心理负担。

● 图 3-1 发光膜天花效果

● 图 3-2 铝制天花效果

使用吊顶的最佳时机

1. 顶面空间有外露的房梁或管线，如图 3-3 所示；

2. 想通过吊顶区分不同的功能区间，如图 3-4 所示；

3. 房屋举架较高并重视艺术风格的展现，如图 3-5 所示。

● 图 3-3 毛坯状态下房屋的房梁与消防管线　　　　　　● 图 3-4 装饰顶面

● 图 3-5 餐饮空间的顶面设计

1

顶面装饰材料

3.1.1
材料
石膏板

石膏板是一种装饰材料，以建筑石膏为主要原材料，是被广泛应用的新型轻质板材。石膏板具有强度高、重量轻、厚度薄、隔音、绝热、防火、防水、加工便利等多种优良性能，常用来制作住宅、办公楼、商业店铺、隔墙、吸音板、墙体覆盖面等，具有多种装饰用途。

1. 纸面石膏板

纸面石膏板是以石膏浆为夹层，两面附纸的轻质形薄板，如图 3-6 所示，纸面石膏板强度高、质量轻，经过防水防火处理的纸面石膏板也可适用于湿度大的空间（如卫生间、浴室）或是对消防安全要求较高的空间（如商业餐厅厨房）等。

● 图 3-7 纤维石膏板

● 图 3-6 纸面石膏板

2. 纤维石膏板

纤维石膏板的材料仍是以建筑石膏为主要原料，但加入了适量的纤维增强材料，相较于纸面是高板，它的抗弯强度大于纤维石膏板，常用于墙面和隔墙，也可以代替木材制作家具。

3. 空心石膏条板

以建筑石膏为胶凝材料，添加多种填充轻质材料或是纤维材料二次制成的一种空心板材，特点是安装时不需要龙骨固定，也无须纸与黏合剂。

除常见传统石膏板外，还有许多新型石膏板材，如耐火板、吸音板、复合板等多个种类。

● 图 3-8 空心石膏条板

龙骨

龙骨是相当于装修的骨架，是重要的基材。龙骨有多种，主要由材料进行区分，如木龙骨、轻钢龙骨、钢龙骨、铝合金龙骨等。按使用部位来区分也可分为吊顶龙骨、隔墙龙骨、地面龙骨。顶面装修中，最常用的是轻钢龙骨与木龙骨。

轻钢龙骨（图 3-9）

优点：质量轻、防火、防虫、防霉变、硬度强、不易开裂变形 。

缺点：1. 轻钢龙骨只有固定的型号尺寸规格，所以占用顶部空间较大；2. 只能做出直线造型，从结构上来说不能做其他多变造型，只能配合其他板材进行变化造型如（石膏板）。

3. 施工工艺要求较高。

4. 价格较高。

● 图 3-9 轻钢龙骨的基本构件

木龙骨（图 3-10）

优点：有较强的可塑性，可以轻易做出曲线等不规则造型，价格便宜。

缺点：1. 具有木质材料的普遍缺点，易腐蚀、易受潮、易变形、不耐火等；2. 木龙骨制作的造型一段时间的使用后容易在连接处出现开裂现象，并且易出现钉眼，影响美观。

在选择龙骨时，应考虑空间面积大小，造型复杂程度、成本造价等多方面因素，也可结合两种材料进行设计施工，充分利用两者各自的优点与特性。

● 图 3-10 木龙骨造型顶

铝扣板

铝扣板是以铝合金为基料的板材，通过加工得到不同的产品，主要分为两种类型，家装集成铝扣板和工程铝扣板。

家装集成铝扣板为了符合消费者的审美要求，（图 3-11）所示，铝扣板的种类丰富多样，各种加工工艺纷纷被应用于铝扣板的加工制作中，如釉面、镜面、油墨印花、3D 等，板面花样、板面优势、使用寿命等是主要的认可标准。

工程铝扣板在板面样式一般比较简洁，颜色多以纯色为主，其加工工艺以滚涂、喷涂、磨砂、覆膜为主，（如图 3-12）所示。

无论是哪种铝扣板，选购时首先要看涂层，涂层的使用寿命达到最大化才能保证业主的利益。

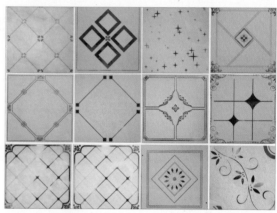

● 图 3-11 铝扣板

● 图 3-12 铝扣板吊顶效果

矿棉板

矿棉板是一种矿棉装饰吸音板材,粒状棉是它的主要构成原料,再加入其他添加物,经过高压蒸挤切割而成。矿棉板不含石棉,具有较好的吸音性能,表面有许多不规则的孔洞或是微孔(针眼孔),出厂加工时一般为白色,后期可涂刷色浆涂料。

矿棉板有滚花或浮雕效果,如毛毛虫(图3-13)、满天星(图3-14)、十字花、条纹状等,隔音防火、隔热保温、材质轻盈并且不含石棉,具有表面活性,可以强烈吸附并分解装修中产生的甲醛等有毒物质,符合现代人节能降耗、绿色健康的生活理念。

● 图3-13 "毛毛虫"矿棉板

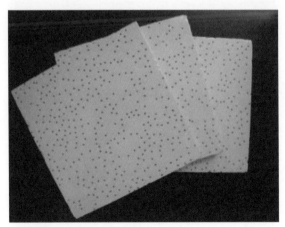

● 图3-14 "满天星"矿棉板

彩绘玻璃

彩绘玻璃是一种具有较强艺术性的装饰材料。工业加工手法是通过工业黏胶合成,传统人工手法则是直接在玻璃上绘画,如图3-15所示。

使用特殊的颜料,在玻璃上绘制完成后,经过低温烧制加工,视觉效果丰富亮丽,并且便于清洁。彩绘玻璃可以定制图案、尺寸、色彩,因此更加彰显个性。工业加工的彩绘玻璃花色的持久性更强,人工手绘型彩色玻璃的花色更容易脱落,但具有不易雷同的艺术性。

● 图3-15 彩绘玻璃天花顶棚

桑拿板

桑拿板最初是一种常用于桑拿房的原木板材,板材选材于松木类和南洋硬木,经过高温脱脂处理,耐高温、防水防潮、不易变形,以插接式的方法进行板材间的连接。桑拿板的诸多特性使它逐渐有了更多的应用场所,如卫生间、厨房吊顶等(如图3-16所示)。

隔条式拼接结构和木质纹理使桑拿板逐渐走入室内空间装饰领域,飘窗顶面、阳台顶面、室内局部顶面等。

● 图3-16 室内桑拿板顶面装饰效果

3.1.2 顶面施工要点

顶面是除墙面与地面外构成空间的重要元素，顶面兼顾隔音、通风、安装照明等重要功能，面积较大并且视野宽广，它的装饰效果将会对整个空间有直观影响。

1. 基层清理

为了后期施工，基层要求平整无杂质，尤其是针对矿棉板的安装。

2. 弹顶棚标高水平线

确定空间的标准高度（如卫生间标准高度为2.6米），使用测量工具竖向量至标高处，沿着墙与柱子，通过弹线，标注出具体水平线位置和龙骨分档位置。

3. 安装主龙骨吊件

以弹好的位置线为基础，确定吊杆下端的高度，使用膨胀螺栓将吊杆固定在顶棚上。吊杆使用圆钢，吊筋的间距要控制在900mm~1200mm以内。

4. 安装主龙骨

主龙骨一般选用C型龙骨，间距在900mm~1200mm，安装时采用配套的吊杆和吊件。

5. 安装边龙骨

通常使用L型龙骨，以天花板的净高度为基准，在墙面四周进行水泥钉固定，水泥钉的间距不得大于300mm。

● 图3-18 主龙骨

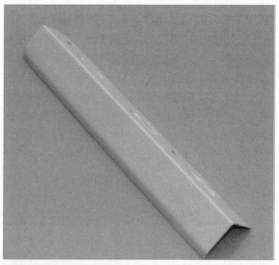

● 图3-19 L型边龙骨

6. 安装次龙骨

通常使用T型龙骨，根据板材的不同安装次龙骨，通常次龙骨的分档线间距不超过400mm，安装石膏板

● 图3-17 膨胀螺丝将吊杆固定在房顶

材按照 400mm 以内的间距卡放次龙骨即可；如果是安装铝扣板吊顶，则根据铝扣板的规格尺寸来规划。次龙骨通过吊件吊挂在主龙骨上，当需要多根次龙骨连接时，使用次龙骨连接件，将相对的端头连接，先调直，后固定。

7. 隐蔽检查

在水电等隐蔽工程确定没有问题后，对龙骨进行检查，确保无误后，再进行下一环节。

8. 安装板材

根据设计要求与板材规格进行安装即可。

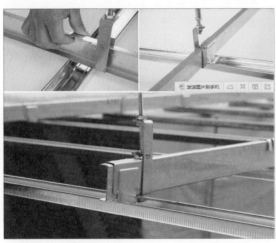

● 图 3-20 安装副龙骨

● 图 3-21 吊顶前先弹线

● 图 3-22 轻钢龙骨构建吊顶框架

2 | 地面装饰材料

室内地面装饰材料不仅有着保护地面的作用，还能影响到空间的风格与氛围。从心理学的角度上来说，不同的材质与色彩会给人不同的感觉与视觉感受，从而产生不同的心理预期与审美效应。

地面材料是装修地面的重要准备，常用的有：水泥砂浆地面、瓷砖、大理石、木地板、地毯、水磨石地面、环氧树脂地坪漆等。

3.2.1 材料

地面材料是空间中使用率最高的材料，需要具备较强的耐用与抗磨损的特性。不同的功能空间对地面材料有着不同的要求，如厨房与浴室使用防滑较好的仿古砖，卧室可以使用行走噪音较小的木质地板。

水泥砂浆

水泥砂浆即水泥、沙子和水金进行一定比例（1:3:0.6）的调配而成的混合物。水泥砂浆是建筑砌筑的基本材料，也可做块状砌体材料的黏合剂。水泥砂浆在实际使用时，会掺入一些添加剂以改善它的黏稠度与易和性。

通常已完成的建筑毛坯地面，就是水泥砂浆材料，但是并不平整，而且会有一些外露的工程管线等物体。通过水泥砂浆的找平处理，可以得到相对平整的地面效果。不过因为人们的审美要求，仅是水泥砂浆作为地面的完成效果过于简单，属于基础项目。

瓷砖

瓷砖是金属氧化物及半金属氧化物，原料多为黏土和石英砂等，经过研磨、混合、压制、烧釉、烧结过程加工而形成的一种耐火、耐酸碱的瓷质装饰材料。瓷砖使用历史可追溯到公元前，在漫长的历史变迁中，

瓷砖一直主要作为地面的装饰材料被延续至今。

瓷砖产品大小尺寸整齐划一，节省施工时间，并且有良好的视觉效果，如图 3-23 所示。瓷砖耐火防水、表面不易弯曲，抗折能力高，耐磨抗重压，施工操作简单，而且铺贴好的瓷砖地面平坦，十分适合公共区域使用（商场、居室客厅、卫生间等）。

市面上有许多瓷砖种类，根据不同的生产工艺，可分为釉面砖、抛光砖、通体砖、玻化砖、马赛克砖等。

● 图 3-23 各色瓷砖

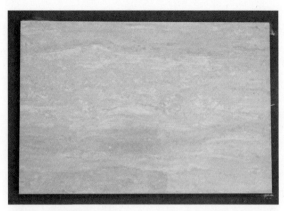

● 图 3-24 釉面砖

● 图 3-25 抛光砖

● 图 3-26 通体砖

● 图 3-27 玻化砖

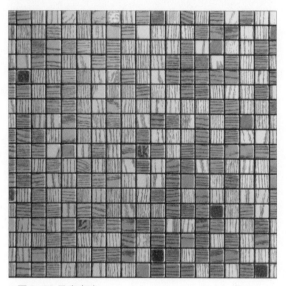

● 图 3-28 马赛克砖

大理石

　　大理石本身指的是一种白色中带有黑色花纹的石灰岩，产自云南大理，故称为大理石，这种石头的剖面可以形成一幅天然的水墨效果，十分美观，如图 3-29、图 3-30 所示，渐渐地被用于室内装饰，因此，大理石如今代表一切有各色花纹，用来当作建筑材料的石灰岩，而白色大理石，一般称为"汉白玉"。

　　与其他建筑材料不同，大理石具有十分突出的视觉美感优势，它的花纹清晰、光滑细腻，天然形成的大理石制作的地板每一块的纹理都是不同的，美观而又实用的特点成功地引起了广大消费者的热爱，近年来大理石的销售量更是大幅增长。

　　大理石地板砖的物理性质相对于瓷砖来说较软，

有很好的脚感；与瓷砖相同，具有耐磨抗压、防水防火等多种优点。但是，作为建筑材料，它也有一些缺点，首先是成本价较高，大理石地板砖不仅本身材料价格较高，而且施工起来难度更大，因此有较高的施工成本；其次是抗污性低，大理石具有许多肉眼不可见的孔洞，容易染色，有色液体如果不小心浸在表面，就有可能渗透进大理石的孔洞中，无法去除。

大理石常见类型包括：白水晶、雅士白、西班牙米黄、玛瑙红、大花绿、黑金花等，如图3-31~图3-36所示。

● 图3-29 整块大理石地板

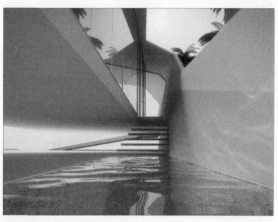

● 图3-30 光滑的大理石地板

● 图3-31 白水晶

● 图3-32 雅士白

● 图3-33 西班牙米黄

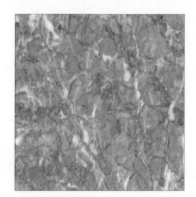

● 图3-34 玛瑙红

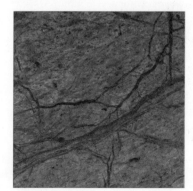

● 图3-35 大花绿

● 图3-36 黑金花

2
地面装饰材料

木地板

木地板即木材制成的地板，具有天然特性，柔和舒适、冬暖夏凉，更有专家指出，如果居住空间使用木地板，可以起到降噪作用，对人有减压效果。此外，木地板可以吸潮，对于有些潮气较大的空间来说，使用木地板，冬天不会出现因过于潮湿而产生的阴冷感。

木地板分为：

如图3-37所示，从左至右，由上至下顺序，依次是实木地板、强化复合地板、实木复合地板、竹木地板、软木地板。

● 图 3-37 各类主流木地板

1. 实木地板

实木地板是木材经过加工处理形成的地面材料，在木地板种类中，质感最为自然舒适，但是在森林覆盖率下降、提倡环保的今天，实木地板比较稀少难得，价格十分昂贵，并且需要日常的精心打蜡养护，才能延长地板的使用寿命。

2. 强化复合木地板

它是原木粉碎后，添加胶、防腐剂、添加剂等，经过热压高温处理而成的木地板，克服了原木的稳定性弱的缺点，强度高、防腐、规格统一，后期使用时，无须上漆打蜡，适用广泛，价格相对低廉，是比较环保的地面材料。

3. 实木复合地板

实木复合木地板是由不同木材交错层压而成，既有较好的稳定性，并且保留了实木的自然纹理与脚感，而且环保低耗，价格也低于实木地板。是集美观性与实用性于一体的实木复合地板，也是木地板的主要发展趋势。

4. 竹木地板

竹木地板的原材料就是竹子，富有材质的天然美感，并且防霉防蛀，抗震减压，并且竹地板的产生可以一定程度上承担一部分市场需求，减少木材的使用量，起到环保作用。

5. 软木地板

软木地板是华栎木的树皮制成的木地板，软木地板的厚度比其他的木地板都要高，因此，在柔软度与防潮性上来说，软木地板要优于实木地板，价格也最为昂贵，被称为"地板的金字塔尖消费"。

地毯

地毯是以棉、丝、麻、草等天然原料或是化学合成的纤维原料,经过手工或机械工艺进行编结纺织而成的地面装饰材料。

地毯有很强的弹性、耐踩踏、不变形、不褪色,并且可以存储室内的灰尘,一旦灰尘落入地毯就不再飞扬,只需定期使用吸尘器进行清理即可。

地毯的隔音降噪效果很好,适合用于卧室、旅店、办公室等空间。地毯还具有保温抗寒的作用。十分适合体弱或是风湿的人居室使用。

1. 纯毛地毯

手工纯毛

纯毛地毯是使用优质绵羊毛为材料,通过手工编织而成的地毯如图 3-38 所示,这种毛毯从前期的设计到手工编织再到后期的加工染色,耗费人力物力,并且根据不同地区的文化,形成了多种具有鲜明地域特色的毛毯。

机织纯毛

用机器代替手工,提高了工效,降低人力成本,价格低于手工纯毛地毯,但品质较好,属于中高档地毯,可用于高档宾馆、会议室、住宅、宴会厅等场所。

● 图 3-38 纯毛编织地毯

2. 化纤地毯

化纤地板是化学合成原料经过加工而成的织物与背衬材料胶合而成,价格较低,多用于大面积的公共场所,如图 3-39 所示。

● 图 3-39 办公室地面化纤地毯

水磨石地面

水磨石地面在国内有着巨大的市场,它造价低廉、花色丰富、施工便利,被普遍用于建筑物中。它是碎石、玻璃、石英石等,加上水泥混合而成再进行表面研磨与抛光得到的成品,如图 3-40 所示。

传统水磨石地板的工艺不成熟,导致水磨石易被磨损,失去原有光泽,对于这种情况,最常见的处理方式是对水磨石地板进行抛光处理,即便若干年后水磨石表面风化后,只需很少的成本,即可对其进行研磨翻新即可恢复。

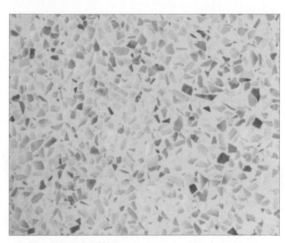

● 如图 3-40 水磨石地面

环氧树脂地坪漆

环氧树脂地坪漆的主要成分是环氧树脂和固化剂，是一种美观而长久的地面材料，适用广泛，各种行业的制作车间、图书馆、学校等均可使用，如图3-41、图3-42所示。

它具有防尘、隔水、易于清洁、耐压、色彩丰富等优点，并且价格低廉，可做成哑光、亮光、半哑光和防滑效果，应用于不同场合。

● 图 3-41 学校地坪漆地面

● 图 3-42 工厂地坪漆地面

3.2.2 地面施工要点

建筑物中，人们在地面进行各种活动，安置设备家具，因此地面要经受磨损、侵蚀、冲击作用，所以地面材质要求耐磨防腐、防水防滑、易于清洗……作为人的生活场所，地面还应做到隔潮隔音，耐火阻燃。

1. 清理基层地面

在铺贴前，将地面清理干净，利于地面材料铺装的平整性以及减少后期的使用隐患。

2. 水泥砂浆找平/龙骨找平

水泥砂浆找平主要是针对普通木地板，通常采用自流平的方式对地面进行处理。而龙骨找平一般适用于实木地板，并且使用的是木龙骨。

3. 定标高、弹线

地砖类材料的铺贴在施工前应仔细丈量，最好使用电脑进行排版，选择出最理想的铺贴方案，达到排列美观，尽可能减少损耗的效果。地面材料每一批次都可能有细微的色差与纹路变化，因此在施工前的订货阶段，一定要做到心中有数，计算好大致需要的材料数量（包括材料损耗），以防影响铺贴效果。

4. 选料

地面施工辅料主要是水泥砂浆，水泥与沙子的体积比一般为"1:1.25"，（俗称手握成团，落地开花），灰浆饱满。而浅色花岗岩、大理石类的材料，最好使用白水泥做黏合剂，以防止泛色。

5. 板材浸润处理（地砖类）

地砖需要达到外干内湿效果才可以铺贴，因此地砖铺贴前应该进行浸水晾干的处理。

6. 铺贴材料

地砖、木地板、水磨石地板等有花纹的材料在铺贴前是一定要规划好花色安排，考虑是否拼花、是否统一方向铺贴等问题。

7. 细节处理

针对不同的装饰材料进行细节上的处理，如地砖在铺贴完后需要进行填缝，将砖之间的缝隙用填充剂填好；木地板需要收边处理等。

8.清洁养护

在铺装完成后，仔细检查铺装有无空鼓、不平整、色差等问题，可用厚纸板将成品保护起来，放止杂物进入，污染地面。

● 图 3-43 地砖铺贴

● 图 3-44 清扫地面

● 图 3-45 水泥砂浆找平

● 图 3-47 弹线定位

● 图 3-46 水泥砂浆找平地面

● 图 3-48 水泥砂浆

● 图 3-49 浸泡板材

● 图 3-50 大地砖铺贴

● 图 3-51 勾缝剂填充

2 地面装饰材料

3 | 墙面装饰材料

墙体面积占空间面积比重最大，是装修中的一个重要部分。墙面装饰材料一方面可以保护墙体，一方面达到美观的视觉效果，如何选择合适的材料来装饰墙面这一问题，令许多人感到为难，接下来会将多种材料进行合理分类，以便更好地掌握墙面装饰材料选择与使用的普遍规律。

3.3.1 材料

材料的选用主要考虑设计要求、成本、墙面的实际现状，并非价格越高的材料效果越好，避免使用不合理的墙面材料，影响整体的美观性。

涂料

墙面涂料主要分为内墙涂料与外墙涂料，此处主要讲解装修所设计的内墙涂料。内墙涂料主要覆盖在内墙表面（包括天花），涂料可以对建筑墙面进行保护和装饰，使空间效果更加整洁美观。在选择涂料时，主要注重两个方面：视觉效果是否理想和材料是否健康环保。

水溶性涂料

它是以水溶性合成树脂为成膜材料，加入颜料、填料、助剂和水为稀释剂，经过研磨后成为一种水溶性涂料。常见的品种有水溶性醇酸树脂漆、水溶性氨基涂料等。水溶性涂料的优点是无色、无味、施工便利、价格较低并具有很好的延展性等，它以水代替有机溶剂的特点，是环保理念的体现。水性材料的材质表面适应性非常理想，在潮湿环境下依然可以施工作业。

树脂乳液涂料

即乳胶漆，是合成树脂乳液加颜料加入填料、助剂、和水制成，不含有毒物质，不易挥发，以行业现状来看，乳胶漆仍是国内外使用最为广泛的墙面装饰材料。乳胶漆除了乳白色外，多数生产厂家可以通过电脑调色，调出缤纷的彩色涂料供业主使用，如图 3-52 所示。许多新型乳胶漆涂料被赋予了更多的功能特性，如抗甲醛、除异味等。

● 图 3-52 涂料与施工工艺

墙纸

又称为壁纸，广泛用于住宅、旅馆、办公室、酒店等多种场所，虽叫作"纸"，事实上并不仅限于纸质材料，还包括一些其他材料，壁纸装饰效果如图3-53所示。

1. 无纺布壁纸

无纺布壁纸起源于欧洲，从外观上看具有布的纹理而被称为"无纺布"，事实上称为"无纺纸"则更为准确。它是高档壁纸的一种，不易氧化泛黄，采用了天然纤维材料制作而成，拉力更强、吸音、透气性良好、无味无毒、施工工艺简单，是新一代的环保材料，受到年轻一族的喜爱。

● 图3-53 无纺布壁纸

2. 纯纸壁纸

顾名思义，纯纸壁纸以纸为基材，保留了纸的特性，更易上色印染，可以制作出非常精美漂亮的图案。需要注意的是纸质特性导致纯纸壁纸容易发黄，所以选购时，最好选择品质较好的产品，可以增加壁纸的使用寿命。

● 图3-54 纯纸壁纸（平面）

● 图3-55 纯纸壁纸（带肌理）

3. 树脂壁纸

即胶面壁纸，面层以胶构成，相当于墙面有一层塑料薄膜，起到隔水效果，这类壁纸价格低廉，防水性能很强，是壁纸类材料中最为畅销的产品。

● 图3-56 树脂壁纸

4. 墙布

墙布有着较厚重的质感，结实耐用，看起来更加端庄高雅，适用于高级酒店等空间。

● 图 3-57 墙布

5. 发泡壁纸

发泡壁纸是以纸为基材,将 PVC 树脂涂于壁纸表面,经过印花加热处理后,形成凹凸纹理。这类壁纸比其他更具有立体感,柔软而厚实,表面的花纹更可满足消费能力较高、且有高雅品位的适用人群需求。

● 图 3-58 发泡壁纸

6. 天然材料壁纸

用草、麻、木等自然织物,或是用纹理美丽的珍贵树木的木材薄片制成的天然材料壁纸,独具个性风格,如图 3-59、61 所示。

● 图 3-59 阔叶树叶纹理天然壁纸

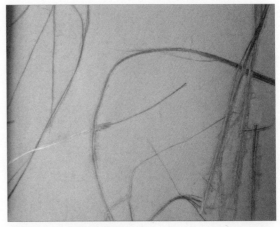

● 图 3-60 草木皮天然墙纸

● 图 3-61 软木天然壁纸

硅藻泥

硅藻泥是一种新型材料,可用来替代墙纸和乳胶漆。它由矿物——硅藻土制成,有强大的吸附能力,可以吸收空气中的气体,并释放负氧离子,分解有害致癌物质。

硅藻泥材料是天然粉体包装,本身不具有任何污染性,并拥有多种功能(防火阻燃、净化空气、吸音降噪、保温隔热等),这是乳胶漆与壁纸难以达到的效果。

从美观性上来说,硅藻泥饰面可进行艺术处理,制作出各种肌理与图案来配合整体装修风格。并且表面哑光,颜色柔和,令人感到舒适。

● 图 3-62 硅藻泥

板材

实木板材

实木板材是由实木制成的装饰材料，坚固耐用、纹理自然，并且没有污染性，但是价格高，对施工工艺也有比较高的要求。实木板因保留了木材的特性，经过长时间的使用，可能会出现材料变形的情况。

人造板材

人造板材是通过人工加工出来的合成板材，主要分为：细木工板、密度板、刨花板、饰面板、夹板。通过加工处理，人造板材成本低、硬度高，一些板材还增加了防水防潮的工艺，更扩大了板材的使用范围。

● 图 3-63 人造板材

● 图 3-64 实木板材

玻璃饰面

玻璃是一种透明的无机非金属材料，玻璃颜色多变，可以隔风透光，应用在室内装饰中可以达到意想不到的创意效果，如图3-65所示。

● 图 3-65 玻璃饰面

陶瓷墙砖

墙面的陶瓷砖与地面陶瓷砖有些不同，墙砖的吸水性更强，达到10%~18%，规格尺寸更为小巧，易于上墙。依据加工工艺的不同，陶瓷砖可分为瓷质砖、半瓷质砖、陶质砖，装饰效果如图3-66所示。

● 图 3-66 陶瓷墙砖

石材饰面

石材饰面与石材地砖相同，由天然石材制成，有花岗岩、大理石、板岩。石材造型美观，更显空间档次，装饰效果如图3-67所示。但其价格昂贵，施工较难，属于少部分消费群体会选择的装饰材料。

● 图 3-67 石材饰面

3.3.2
墙面施工要点

墙面进行装饰的主要目的是保护墙体以及美化环境，无论是新房旧房，墙面都是首先入手的地方。家居墙面总是能第一眼吸引人目光地方，一定要重视墙面的处理。

1.基层处理

检查墙面的平整性与完整性，观察是否有空鼓、裂纹的情况，对问题部分进行找补处理。此时应注意保持墙体的干燥性，含水率应小于6%。

2.刮腻子基层处理

为了保护墙体，使墙面更加平整，分先后两次涂刮腻子。应注意，第一遍与第二遍的涂刮间隔时间至少为6小时，如果天气潮湿，应适当延长间隔时间。腻子刮完后，等完全干透才可安装饰面材料，通常时间为一周左右，视实际情况而定。

3.安装饰面材料（除瓷砖与石材饰面）

瓷砖与石材饰面在做完基层处理后，即可使用水泥砂浆或者龙骨固定板材，不需要腻子处理。在腻子完全干透后，可以进行饰面安装步骤，涂料一般刷两遍，一遍底漆，一遍面漆，涂刷均匀，不可出现露底现象。壁纸可用黏合剂铺装到墙面上，处理好壁纸之间的拼贴接口。在安装饰面时，应预留好开关插座、门套窗套等物体的位置，以便后期成品安装。

4.做好工具的清理

及时清理工具，避免污染，增加工具的使用率。

● 图 3-68 墙面基层处理

● 图 3-69 刮腻子

● 图 3-70 安装饰面材料

● 图 3-71 地砖浸润

chapter 4

各个阶段的工种
施工工艺讲解

装修装饰工程是一件复杂的事，包含着多个项目，只有每个项目之间完美配合才能使工程顺利完工。上一章节中，我们了解了基本工程材料，接下来将会进一步讲解施工中的各个工种的内容与衔接关系，才能在实际施工中尽可能地节省成本、确保工期，达到与前期设计相同的装修效果。

1 开工交底

开工交底是施工前的一个重要环节，如果这个步骤没有做好，将会为后期的施工带来安全隐患。它不仅仅是一种形式，更关系到施工质量与责任划分。

一般而言，无论是商用空间装修还是住宅空间装修，施工步骤基本如下：

开工交底——水电改造——瓦工——木工——油工

开工交底其实是技术交底，指的是某一项工程开工前，此项目的施工要点、技术指标、注意事项等，由技术负责人或施工员对施工班组进行指导说明，以保证项目达到设计规范要求，如图4-1、4-2。在室内装修中，开工交底是签订装修合同之后，准备施工之前的第一步，也是关键的一步。

● 图 4-1 施工图纸

● 图 4-2 设计师、业主、施工负责人现场交底

注意事项

1. 到场人员

交底当天应有业主、设计师、工程监理以及施工方四方人员到达施工现场，首先由设计师向施工负责人与工程监理确认施工图纸的可行性，然后讲解施工图纸，详细说明施工要求；业主需做到确定施工项目，如果对工程存在疑惑或是更改部分工程项目，可在此时向设计师与施工负责人问询，以便及时商榷修改，也可避免后期出现增减项目的纠纷。

2. 检查现场

在施工之前，一定要进行现场检查。不论是新房毛坯，还是旧房翻新，总会存在一些问题，如图4-3所示，如果不明确这些问题在施工前是否就已经存在（如墙体空鼓、上下水是否通畅）等，那么拖到后期就会容易出现纠纷，无法确定损坏原因，是施工方施工时破坏导致还是房子本身就存在问题。

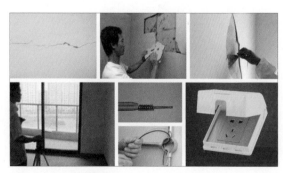

● 图 4-3 检查房屋问题

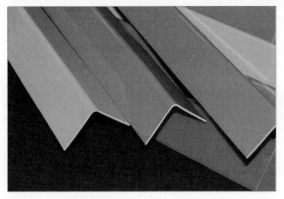

● 图 4-4 墙边缘防护条

3. 坚决杜绝口头协议

任何工程细则涉及项目本身，都要以书面形式为依据，包括沟通时设计师的一些承诺、交底时业主临时提出的更改要求或增加项目等，这些都应明确表现在合同条款与装修协议中，并由双方的签字确认，后期一旦出现纠纷，就可以依据这些书面协议进行解决。

4. 确定项目的保留设备

施工现场可能会存在一些业主不希望更改的设备或项目，如门窗、地板等，需要和业主进行确认，然后对不施工的项目进行保护，如图 4-4、图 4-5 所示，以免在施工过程中受到破坏。

5. 施工工艺确认

施工方一般会根据设计师提供的图纸，按照施工规范进行施工，但在一些具体施工上，还是需要确认施工工艺，如：水电位置定点、墙体拆建……各个工种的要求在交底时应一一交代清除，如果有特殊要求，业主与设计师一定要在此时对施工方进行确认，并注明要求。

6. 施工图纸

施工图纸是设计师或制图员按照国家规定制图标准，如图 4-6、图 4-7、图 4-8 所示，以投影原理将未建成的工程的大小、形状、布置，准确的表现在图纸上，并标示出材料、工艺与安装要求。施工图纸是一种技术资料，是施工方后期施工的主要依据，具有法律效益。

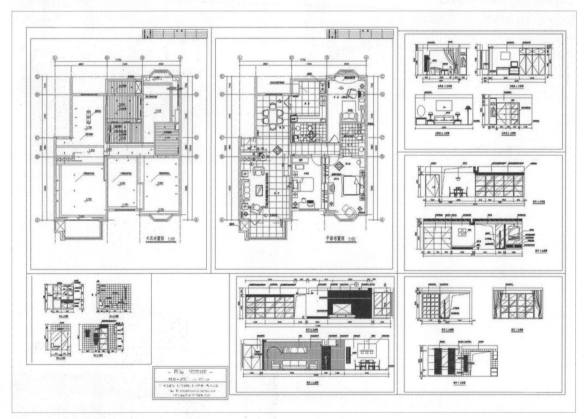

● 图 4-5 施工图纸套图

● 图 4-6 手绘施工图

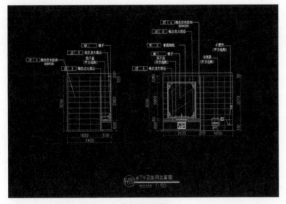
● 图 4-7 绘图软件 CAD 绘制施工图

室内装修中，根据各时期的要求不同，设计方一半会出具三类施工图纸：方案设计图、施工图、竣工图。前期是方案设计图，它是设计师通过实地测量考察室内空间，得出房屋基本信息，再根据业主的设计诉求与自身的专业 知识，为业主量身定制的房屋设计方案；然后是施工图，施工图包括平面布置图、水路图、节点图、立面图……全套图纸，对空间设计内容全面解析，是施工方施工的主要依据；最后是竣工图，竣工图是完工后，能表现现场实际情况的图纸（包括施工期间出现的一切设计变动），竣工图会作为工程的技术档案保存起来，便于以后随时查阅。三种图纸中，方案设计图与施工图是开工交底时就应提供的，并且此时图纸已经通过项目有关领导的审核查阅。

7. 定位定点

开工交底还有一个重要的环节是墙体定位与水电定点，如图 4-8 所示为墙面水电定点标记。为了保证工程效果，开工时设计师应与业主、施工方确认一遍墙体的拆改与定位，不需要的墙体进行拆除，需要建立的墙体则是确认位置、尺寸与工艺。

如果施工图纸上有标注明确、尺寸齐全的水电点位说明，那么设计师可以不用在现场重复，如果图纸标注不明确，那么这时设计师必须在现场进行说明，否则水电相关工程施工将无法进行。水电改造属于隐蔽工程，如果前期工程就存在问题，那么后面所有工程都将受到影响。在水电定点时，设计师可以同时和业主进行沟通设计需求，包括各种水电设备的安装位置，如图 4-9 所示，包括空调、直饮机、热水器、电视等，一并沟通后，即可确认开关、插座等设备的位置，后期使用起来既方便又安全。

● 图 4-8 水电定点

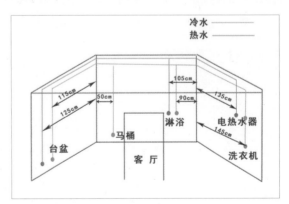
● 图 4-9 水电布线示意图

2 水路改造施工过程详解

　　水路改造属于隐蔽工程的一部分，是基础装修，虽然无法直接展现在装修效果之中，却是装修中的重要环节之一。水路改造工程是否合格合理，将会直接影响到人的使用舒适度与便利性，不合格的改造工程甚至会带来安全隐患，因此，施工细节上一定要小心谨慎，严格按照安全标准来进行施工。

4.2.1
水路改造
施工详解

施工过程

　　1. 首先施工人员参考施工图纸，与甲方定点定位，确认水路方案；

　　2. 施工之前需要做好成品保护，将需要保留的地方保护起来，以防施工过程中不慎破坏，如图 4-10 所示；

　　3. 根据已有的水路设计方案，使用墨线盒子进行弹线，如图 4-11 所示，在墙、地面或顶面处留下印记作为施工参考；

　　4. 如图 4-12 所示，根据弹线标记进行墙面开槽，墙面水管固定；

　　5. 检查回路是否有异，进行打压实验，工程验收后，使用水泥砂浆将管封起。

● 图 4-10 装修成品保护

● 图 4-11 弹线定位

● 图 4-12 开槽埋管

● 图 4-13 弹线定位

● 图 4-14 弹线定位

施工工艺

弹线开槽

一旦施工方与甲方沟通好，就可以开始进行施工，首先使用墨线盒或墨笔勾出管线确切位置，一般需要遵循一个原则，就是"走顶不走地，走竖不走横。"

做完标记之后，使用切割机（如图4-15）沿着画好的位置进行开槽，需要注意的是，开槽不可过深，以防损坏房屋结构。

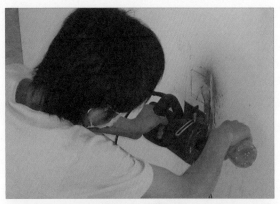

管材裁切

管线的裁切必须使用专业的工具进行，管剪刀片卡口调整到合适位置，旋转裁切时一定要用力均匀，裁切口以平滑无刺为合格。

● 图4-15 切割机

接管固定

管道铺设时，两管连接不可避免，需要使用专业热熔机进行热熔固定。水路改造中的PPR管使用熔接最为合适，安全性好，并且焊接强度大。熔接之前，需要在管口做好标记，将管口处理干净；热熔管后，需要尽快将两管相接，如图4-16所示；连接完成时，等待冷却后再松手。而不同材质的热熔型管材连接时，不可进行直接熔接，必须采用转换接口，或是机械式连接。每当铺设好一段管道时，需要使用钢钉与铜线进行固定，放置管道移位。

● 图4-16

4.2.2
防水工程

1. 清理基层和墙壁

首先使用小金属榔头轻敲墙面地面，检查声音是沉实的还是空洞的，如果出现空鼓的情况，必须把该部分全部敲掉，基层不得有砂眼、孔洞、松脱现象，有则去除。拔出铁钉，使用笤帚清理杂土垃圾，如果用清水冲洗更好，但是一定要等干透后再进行后面操作，如图 4-17 所示。

● 图 4-17 清理基层墙面检查空鼓

2. 修补水电改造造成的空隙

一般情况下，水电基础工程改造对墙面地面的破坏性较大，所以防水区域需要进一步加强修补力度，不能仅使用水泥砂浆，还应使用补漏王对重点部位分三次进行修补，每次留有一定时间间隔，如图 4-18 所示。

● 图 4-18 水泥回填

3. 刷防水涂料

将防水涂料搅拌均匀，使用长把滚刷或橡胶刷刮板，把防水涂料平均的涂抹在基层。涂料需要刷两遍，使用十字交叉法，一遍是横向，一遍是纵向，密而不漏，涂刷时不可见堆积和露底，在这里需要注意一定要等第一遍干透后，在进行第二遍，如图 4-19 所示。一般情况下，涂料每遍用料以 0.4g/ 平方米左右最为合适。

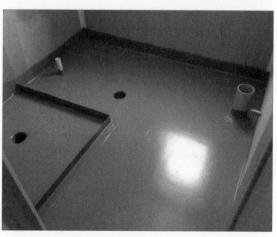

● 图 4-19 涂刷防水涂料

2

水路改造施工过程详解

常见问题详解

1. 为了便于以后维修，一般水路走顶面路线，冷热水管布置一般是"左热右冷"，且间距不小于 20cm；

2. 常用尺寸（适宜高度，具体需看情况而定）：淋浴混水器水管距地 1000-1200（mm），洗衣机水口高度 1200mm，水盆水口高度 450-550（mm），马桶给水口距地 200mm 并偏离马桶中心靠左 250mm，墩布池高出墩布池本身 200mm。水路必须严格按照既定位置排布，所以施工之前，最好与甲方确定洗衣机、水盆等物品的规格，以达到最合理使用需求。

3. 顶面水管应使用金属吊卡固定，更加牢固稳定，一般直线固定卡子间距 ≤ 600mm。

4. 水路改造完成后，应出具一份水路改造图纸，以备后期维修使用。

4.2.3
验收标准

布线合理性

水管与电线管不可以处于同一槽内，也不可以出现水管置于电线管上方的情况。而燃气管道与水管之间的间距要超过 100mm。如图 4-20 所示，给水管道走线要求横平竖直，不可斜走交叉。

劣质的管材会减少水管的使用寿命，带来安全隐患，因此验收时，需要将有质量问题的管材提前换掉，如图 4-21、图 4-22 所示。

水试压

水路改造完毕后需要进行水试压以检验水路的抗压性与通畅性，保持 0.6-0.8Mpa，以 20 分钟不掉压，30 分钟没有渗漏现象为合格标准。试验合格后，方能将水管封入墙体。

闭水试验

防水工程需要进行闭水试验，往防水区域蓄水，48 小时后，到楼下观察是否有渗漏情况，如果没有，则是合格，可以进行下一步施工。

● 图 4-20 水管铺设

● 图 4-21 考察管材质量

● 图 4-22 考察管材质量

3 电路改造

电路改造与水路改造都是隐蔽工程，二者属于一个工种。电路改造在家具装修中不可避免，并关系到以后的电器使用是否方便，更重要的是它将涉及是否会有安全隐患的重要问题，因此要尤为重视。

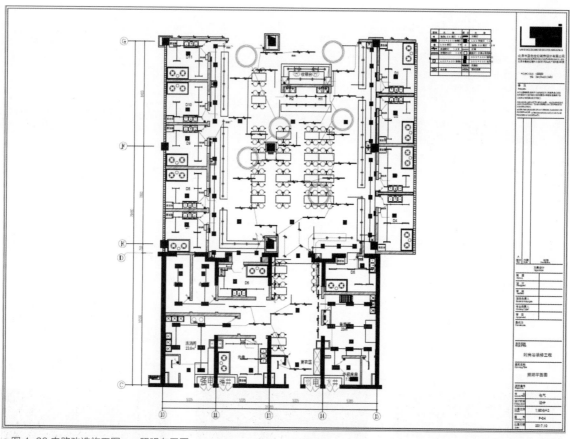

● 图 4-23 电路改造施工图——照明布局图

● 图 4-24 室内空间灯光效果

● 图 4-25 室内空间灯光效果

● 图 4-26 室内空间灯光效果

4.3.1 电路改造施工过程详解

电路改造首要注意的是安全问题。电路改造是根据设计需求、使用人口、生活习惯等对开发商提供的电路进行部分改造。"工欲善其事必先利其器"，前期隐蔽工程的改造尤为重要。

施工过程

1. 首先施工人员参考施工图纸，与甲方定点定位，确认电路方案，如图 4-27 所示；

2. 进场时必须对原漏电保护器进行检测，检查原空气开关是否可靠。检查 TV、电话进户点及路数；

3. 施工之前需要做好成品保护，将需要保留的地方保护起来，以防施工过程中不慎破坏；

4. 根据已有的电路设计方案，使用墨线盒子进行弹线，在墙、地面或顶面处留下印记作为施工参考；

5. 根据弹线标记进行墙面开槽，线管固定；

6. 所有接线完成后，进行通电测试，保证漏电开关动作正常、开关插座试电良好。工程验收后，使用水泥砂浆将管封起。

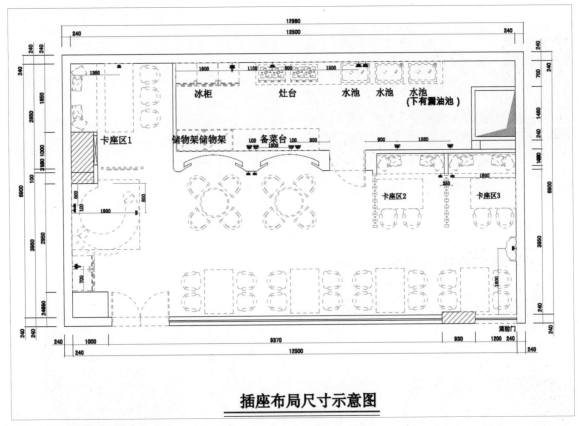

插座布局尺寸示意图

● 图 4-27 插座布局示意图

到厨房顶部分线
预留电器插座
烟机插座
预留插座   纯水机控制开关   预留电器插座
南墙
热水器插座
北墙
纯水机插座
冰箱插座
龙头

● 图 4-28 电路改造示意

● 图 4-29 厨房电路设计

● 图 4-30 空气开关装置

● 图 4-31 成品保护

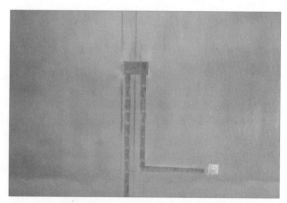

● 图 4-32 弹线开槽

● 图 4-33 通电试验台

施工工艺

（1）定位

电路的设计应做到多路分配，厨房设备、空调、居室等分路布线，保证线路正常负荷；强电与弱电分开，电话线、有线、网线应根据设计需要并按照施工规范进行排布分配；开关与插座线路分开，除一般照明外，各回路均应使用漏电保护器。

在设计电路时，应充分考虑到后期用电需要，无论是强电插座接口或是弱电插座接口，最好多留预备口，如图4-34所示，宁多勿少。一般情况下，同一空间内的开关与插座均是各为一条水平线，开关到地面1200mm到1500mm，开关插座到地面300mm左右。

设计师应注意，在规划电路时开关插座不能被物体遮挡（如沙发座椅、电器等）。

（2）布线

布线时，要求墙、弱电之间的间距不得小于300mm，分组规律为：开关2.5平方线组、电器专用插座4平方线组、大功率电器如空调6平方组，如图4-36所示为电线型号。照明与开关一般为墙、顶面走线，而电器多为地面走线。厨房的线路繁多复杂，除了前完备的设计规划外，还需要做好线路布置走向，以便后期电器设备的安装使用。

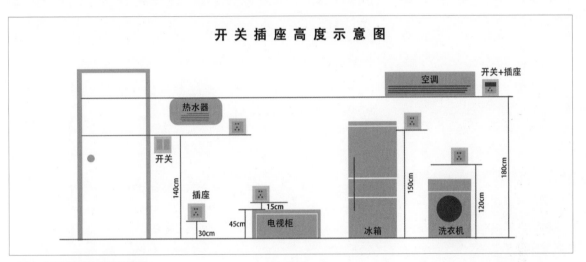

● 图4-34 开关插座高度示意图

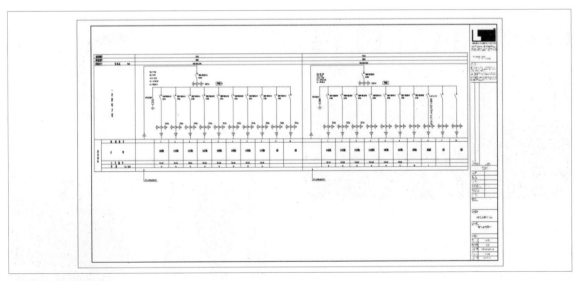

● 图4-35 电路系统图

（3）开槽配管

与水路改造相似，弹线开槽是电路改造中必不可少的一步，在墙面与地面开槽时，应使用墨盒弹线的方法进行定位。为防止墙面出现开裂现象，墙面与管面保留15mm粉灰层。为保电证房屋结构的稳定性，墙身横向开槽不易过深过长。

（4）管线暗埋

强电线管在暗埋时，与弱点线管间距不得小于500mm，与煤气管、热水管的间距则应不小于300mm。所有线管在埋线时，减少转弯，并规避家具一类需要安装的物体，避免出现线管被损坏的可能。

管线选材一般要求2.5-6平方以上的铜芯线，16mm以上的阻燃线管，管线布好后使用水泥砂浆封好。

● 图 4-36 电线类型

● 图 4-37 埋管

4.3.2 常见问题详解

1. 配电箱应根据用电设备的不同功率进行平衡配线，并且所有电线要求秩序整齐，各个线路区分明确，并标明回路；

2. 为避免儿童触摸，高度在1500mm以下的插座都应使用有挡板的插座；

3. 穿线管时，将直接头打上PVC胶水避免进水。穿管时，不可中途拉拔管接头，应将导线先取直，弱电穿管时应小心谨慎，防止导线断心；

4. 电源分支接头应该接在开关盒、插座盒内，每个接头接线不得少于两根（所有线路在穿线管内禁止有接头），接头处使用防水胶带包扎紧，以免受潮出现故障。电视天天线必须使用分支器，并留有检查口；

5. 电线连接时应注意，铜线连接时可采用压铰法或绞接法，铰接长度不小于5圈，而使用螺钉连接时，电线无绝缘间距不小于3mm。

● 图 4-38 电线排线

● 图 4-39 带挡板的插座

● 图 4-40 电线穿线器

● 图 4-41 电线绞接

● 图 4-42 插座接线

4.3.3
验收标准

1. 检查电路的分布与走向

电路改造验收时，首先进行整体考察，观察布线是否横平竖直，然后沿着线路的布置走向看安装是否符合需求，开关插座的数量是否正确以免遗漏。

2. 验收材料

检查线管的材质、品牌、规格与原定材料是否一致，是否达到国家标准，入墙电线的绝缘保护套管安装到位。

3. 检查施工规范

检查所有强电弱电的分布间距是否达到标准，开关插座高度是否便于使用，以及开关与开关、插座与插座之间是否统一在同一水平线上。

4. 回路检查

火、地、零三线均需由明显标记或颜色进行区分，电路回路清晰可靠；

5. 资料入档

检查完毕后，需将完成的电路改造收集记录，以便日后实际使用时电路出现更改或维修时使用。

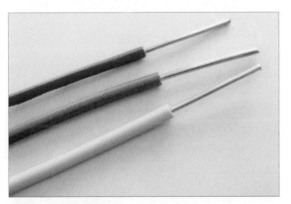

● 图 4-43 火线地线零线

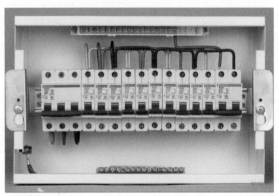

● 图 4-44 配电箱

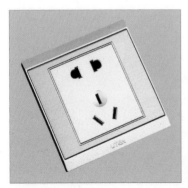

● 图 4-45 插座 1

● 图 4-46 插座 2

4 泥瓦工

泥瓦工是装修工程工种中唯一一个全程现场操作的项目，因此对手工技术要求较高。泥瓦工工作强度大、操作难，所以在装修过程中需要格外注意。

4.4.1
地面工程项目施工详解

泥瓦工的地面施工内容主要包括水泥砂浆抹灰、地面找平、铺贴地砖等。

地面找平施工过程详解

常用的地面找平种类分为3种：水泥砂浆找平（如图4-47）、自流平找平（如图4-48）、石膏找平。其中石膏找平适用于局部找平，不适宜大面积使用。

水泥砂浆找平

1. 首先进行基层清理，清理调灰浆皮与灰渣层，使用火碱水溶液清理掉油污，然后用清水清理干净；

2. 测量好1000mm高的水平尺寸标高，向下测量出面层的标高，使用墨线盒在四周墙面上均弹出墨线，确定抹灰厚度，拉出水平线；

3. 在基层地面上使用喷壶喷撒一遍水，使用搅拌机搅拌水泥砂浆，保证颜色统一；

4. 涂刷一层水泥浆，面积不易过大，再铺设水泥砂浆，最后铺水泥沙，涂抹均匀。使用木刮杠将水泥砂浆图层刮平后，使用木抹子搓平整，在这一过程中，需要时常使用靠尺检查层面是否平整；

5. 刮平层面后，用铁抹子压第一遍，直至出浆为止，压光完成。完成之后24小时内注意覆盖洒水养护。

● 图4-47 水泥砂浆找平

● 图4-48 自流平

自流平

1. 对地面进行基层清理,对于地面突起,可使用打磨机采用旋转平磨方式磨平突起;

2. 基层清理完成后,涂刷两次界面剂(可使自留水泥与地面衔接更紧密);

3. 准备自流层水泥,水泥与水的比例为1:2(不可太稀薄,但仍能保持流动,太稀的水泥浆干燥后会因强度不够而起灰)。由工作人员倒自流层水泥,并用工具推开推平,如果出现凹凸不平的情况,用滚筒将水泥压匀。

地面铺砖施工过程详解

此时地面按找平完成后的平整地面处理

施工过程:选砖——材料处理——铺砖控制线——铺砖——勾缝——养护——安装踢脚线

● 图 4-49 砖背面涂抹水泥砂浆

● 图 4-50 拼砖留缝

1. 在铺贴之前需要对砖进行全面筛选检查,排除掉有缺角、裂纹、划痕、有色差等缺陷砖块。将挑选好的砖进行分类整理,为避免砖在铺贴时出现空鼓问题,必须先在水中浸泡 2、3 个小时,并在阴凉处晾干待用。

2. 以美观整齐为前提,设计好排砖方案,在地面弹十字线与分隔线,拉控制线作为排砖时的位置依据,以中心向两边铺贴的方法进行施工。

3. 如图 4-49 所示,在找平层面上涂刷 5mm 厚水泥浆作为结合层(干硬性 1:2.5 水泥砂浆),保证垫层与基层结合良好,此操作随着铺砖动作结合进行,随铺随刷。

4. 如图 4-50 所示,将地砖放置在结合层上,使用橡皮锤敲打砖面,使结合层平整严实,将地砖挪开,浇上水泥浆,再将地砖妥善放置其上(最后放置地砖时应注意,先将地砖一侧放下,再轻放另外三侧),使用橡皮锤拍地砖表面,挤出砖与结合层的空气并与其他铺贴完成的砖平齐。注意砖与砖之间留整齐缝隙(≤ 2mm)。

5. 铺贴完成后地砖上禁止上人,使用木板等进行全面保护。如图 4-51 所示,养护完成使用填缝剂进行填缝,使用布巾清理砖面。

● 图 4-51 美缝剂填充缝隙

4.4.2
墙面施工项目施工详解

泥瓦工的墙面施工内容主要包括砌筑墙体、墙面抹灰、铺贴瓷砖等。

砌墙类施工项目过程详解

通常室内装修砌墙工程使用材料多为稳固的红砖，或使用轻钢龙骨石膏板制成较轻便的隔墙，如图 4-52 所示。

施工过程（此处为红砖，轻钢龙骨隔墙施工工艺与顶面石膏板吊顶工艺相同）：弹线定位——抄平摆砖——砌筑——勾缝

1. 砌墙之前，做好墙面的基础检查，确认没有问题后，根据设计图纸进行放样弹线，在地面、顶面、墙面确定砌体位置。

2. 做好砌墙作业准备工作，检查砖体质量，并进行湿水，湿水后即将砖体自然晾干。

3. 为了砌体更加稳固牢靠，首先铲除砌体顶部接触墙面的腻子，吊垂直线，保证砌好后墙体垂直于地面。

4. 排砖时上下错接，砌墙所用的沙子要求干净盐碱度低，接缝处砂浆饱满，不能出现透明缝，假缝等情况。注意，水平的接缝砂浆饱满度不小于 90%，竖向的接缝砂浆饱满度不得小于 80%。

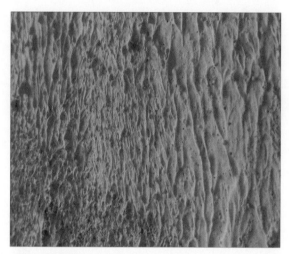

● 图 4-53 基层

面贴砖施工过程详解

施工流程：基层处理——吊垂线——涂水泥砂浆——弹线——浸泡——贴墙砖——勾缝。

● 图 4-52 砌墙

● 图 4-54 贴砖

4
泥瓦工

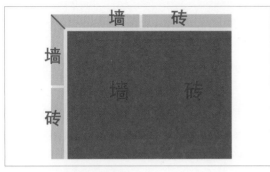

● 图 4-55 阳角瓷砖碰角示意

1. 在抹灰前，墙面需要清扫干净，并且浇水湿润墙面。

2. 准备 1:3 水泥砂浆在墙面涂抹 6mm 厚，如图 4-30 所示，然后依次进行木杠刮平、木抹拉毛、浇水养护施工工艺，注意浇水养护步骤需要隔天进行。木作隔墙需要在木作基层挂钢丝网，刷一遍净水泥砂浆厚再贴墙砖。

3. 等待基层灰有 6、7 成干，进行弹线定位与排砖。如图 4-56 所示，排砖需要参考大样图与墙面尺寸图，要求整齐美观，不允许出现一行以上的非整砖，如果遇到突出物时，不可使用砖块拼凑，应采用在整砖上套割的工艺手法来保证美观性。墙砖与洗面台、浴缸等交接处，根据实际需要，可以在成品安装完成后再补贴瓷砖。

4. 在铺砖前，将砖体浸在水中 2 小时以上，取出后置于阴凉处晾干待用。铺贴顺序一般是由阳角开始进行，从下至上，将不完整的砖块尽量留在阴角，如图阳角瓷砖碰角示意图。镶贴时抹在砖体背面的灰为 1:2 水泥砂浆，厚度为 6-10mm 厚，铺贴时，需要时刻使用靠尺调整平面和垂直度。除了此种做法外，还可以在 1:1 水泥砂浆中添加黏结胶，在砖体背面涂抹 3-4m 即可，此种黏合方法对基层灰面的平整度要求比较严格。

5. 最后进行勾缝处理，使用勾缝剂填充砖缝，并擦洗干净。

● 图 4-56 清扫墙面

● 图 4-57 墙面抹灰

● 图 4-58 墙砖切割

● 图 4-59 铺贴墙砖

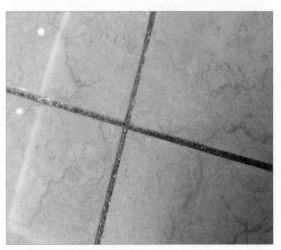

● 图 4-60 勾缝剂填充瓷砖缝隙

墙面瓷砖铺贴是十分具有技术性的工艺，耗费工时较长，每个工人一般一天铺贴 5 平方米左右，根据不同的实际情况，工期也会有所不同。在验收墙砖铺贴工程时，要求完成面的平整与美观，如出现空鼓脱落接缝不平整等问题则是不合格的工程。

1. 表面清洁平整，无划痕破损，砖与砖之间接缝均匀，图案清晰。

2. 砖的平整度根据靠尺检查，要求平整度误差小于 2mm，间缝小于 3mm，平直度误差小于 3mm，接缝高低差小于 1mm。

3. 铺贴好的墙砖的空鼓率控制在总数的 5%，其中，单片的空鼓面积不得大于 10%。

4. 墙砖阴阳角必须呈 90°，阴阳角 45° 碰角严密处理如图 4-61 所示。

5. 墙面的管道出口位置掏孔与砖面对接严丝合缝，如图 4-64 所示。

● 图 4-62 瓷砖空鼓

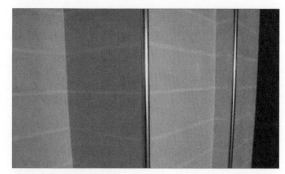
● 图 4-63 墙砖阴阳角

● 图 4-61 斜拼墙砖

● 图 4-64 墙砖开孔

5 | 木工

　　木工工程的优劣将直接影响到施工效果的好坏，木工是一门工艺，也是一门技术，是中国传统三行之一（木工、木匠、木头），木工工程的费用基本占用整个工程费用的 40%-60% 不等。木工的施工项目主要包含：吊顶工程、木质隔断墙、背景造型墙、定制家具等，以下根据工程特性，将木工分为吊顶施工项目、造型类施工项目、现场定制家具施工项目，并分别进行讲解。

● 图 4-65 木工现场制作衣柜

● 图 4-66 电视背景墙

● 图 4-67 定制家具

● 图 4-68 雕花隔断

● 图 4-69 木隔墙

● 图 4-70 吊顶

4.5.1 吊顶施工项目详解

施工过程：设计交底——材料进场——施工准备——龙骨安装——门窗制作家具框架——封装板材。

1.为了更准确地表达设计意图，如图 4-69 所示，施工图上应该清楚的注明木工项目的造型、尺寸、接点说明，注明木龙骨的材质与规格，以及饰面板（如防水石膏板）的材质要求等，木工可以根据设计图纸，了解场内情况，并核算出大致用料数量。如果造型较复杂，应该与设计师、业主进行现场沟通，对施工细节进行确认。

2.对施工现场进行清理，木工根据在交底环节中了解的情况，准备好施工工具，材料也可进场备用。由于木工的工作内容比较复杂，木作人员对施工项目进行详细规划，以便工程有条不紊地进行。与其他工种不同的是，木工在正式施工前，需要准备施工台，用于切割板材以及处理板材的平整度、造型等。

3.弹线标高，确认施工位置，进行龙骨架设设计。木龙骨安装规范可参考轻钢龙骨的安装要求，但是木龙骨的造型性较强，无过多要求，保证安全合理即可。在确认龙骨安装工程合格后，可以进行封板施工，要求饰面板无翘角、裂缝、缺损现象，纸面石膏板采用发黑木螺丝固定，螺钉与板边距离以 10-15mm 为宜，切割边为 15-20mm，石膏板之间的留缝距离应为 5-8mm，如图 4-71 所示。

● 图 4-71 石膏板吊顶

● 图 4-72 木工工作台

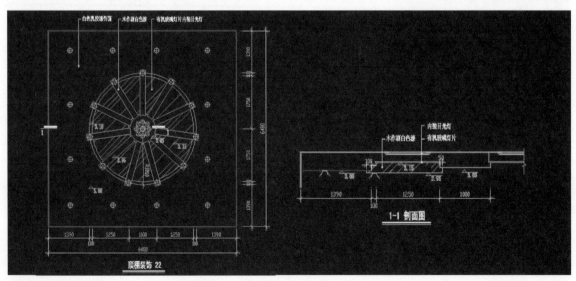

● 图 4-73 吊顶施工图

4. 如有需要，进行门窗制作，其中包括门套、窗套与哑口套的制作。为了视觉效果的和谐统一，如图4-75所示，门套与窗套通常与门的板材颜色相同。

5. 家具的制作是木作工程中难度较大的部分，包括厨房橱柜、衣柜、酒柜、吧台、博古架等。随着建材产品的发展，家具制作可以由大厂家统一生产（其中包括门和窗），降低制作成本的同时还提高了效率与感观效果，制作好的家具可通过现场组装的方式安装到室内。

6. 施工完成后，对所有木作项目进行细节封装处理与检查。

● 图 4-74 施工现场照片

● 图 4-76 定制家具

● 图 4-75 欧式风格白色窗套

● 图 4-77 木制品封边处理

4.5.2 验收标准

1. 木工项目表面平整，无破损、起鼓等现象，观察装饰弧度与圆度是否顺畅圆滑，装饰拼花是否严密准确。

2. 装饰结构是否平直，对称性的装饰工程是否达到标准对称的要求。装修转角是否准确，普通转角一般为90°，特殊造型的转角度数则对比设计图纸是否相同。

3. 固定柜体与墙体相接严密无缝隙（防止后期落灰不利于清理），门窗、柜门开启是否正常，操作时不应出现异声，关闭时观察上、左、右缝隙是否严密，门下留有5mm的缝隙为宜。

6 油漆工

油工处于装修后期进行的项目，主要是对装饰面进行修饰。油工的施工质量主要是对视觉效果有着重要影响，甚至有"三分木工七分漆"的说法，要想达到理想的装修效果，油工这一环节必须严格把控。

4.6.1 乳胶漆施工过程详解

乳胶漆施工详解

材料：墙面找平材料一般为腻子粉，腻子粉成粉末状，易溶于水，如图4-51所示，使用时加水搅拌即可。

施工流程：墙面基层清理——第一遍腻子、打磨——第二遍腻子、打磨——手扫漆/喷漆

1.如果是旧墙，需要将原基层湿水铲除，铲除到砖为止，如果是新墙，可以在清扫墙面后直接进行接下来的施工步骤。

2.将108胶、熟胶粉、双飞粉调配腻子，如图4-78所示，用腻子批平整个墙面，待腻子干透后，如图4-80所示，使用细砂纸磨光腻子表面，磨完后，重复批腻子、打磨步骤一遍。通常情况下经过第二遍批腻子、打磨后，墙面基层处理就完成了，如果此时墙面仍不平整，则需要进行第三遍，直到墙面平整为止。

●图4-78 调配腻子涂料

●图4-79 腻子涂抹

●图4-80 砂纸打磨

手扫漆施工详解

涂刷乳胶漆，首先刷一遍底漆，干透后用细砂纸打磨墙面，再刷两遍面漆（中间仍需要打磨）。喷漆与手扫漆过程基本相同，不同的是工具，手扫漆用的是刷子、滚筒，喷漆用的是喷枪。

4.6.2
木器漆施工
过程详解

木器漆是一种用于木制品上的树脂漆，分水性和油性两种，按光泽可分高光、半哑光、哑光。木器漆主要用途为两个，一是家具制造，二是室内装修。

清漆施工工艺

打磨基层是清漆施工的重要工艺，将木器表面的灰尘杂质清理干净，使用砂纸将表面打磨光滑，上润油粉。

1. 上润油粉施工时，使用棉丝将润油粉涂抹在木器表面，用手揉擦，保证各个角落涂抹均匀。

2. 如图 5-81 所示，用手轻松自然的在木材表面涂刷清油，涂刷按照多次数蘸油、每次油量少、操作勤的规律进行，顺序是由上至下、先难后易、从左至右、先里后外顺次。

混油漆施工工艺

1. 首先进行基层清理，除清除杂质外，应该进行局部的腻子嵌补，再用砂纸顺着木纹打磨表面。在进行上漆之前，用虫胶漆对木脂的节疤进行封底。在基层均匀涂刷干性油或清泊，注意不能漏刷。

2. 底油干透后，刮第一遍腻子并用砂纸打磨平整（腻子干透后），再补高强度腻子并用砂纸打磨光滑。最后涂刷面层油漆即可，白色混油家具如图 5-83 所示。

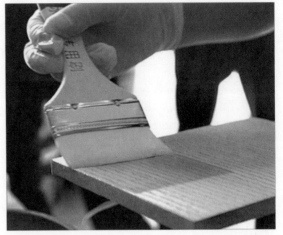
● 图 5-82 清漆涂刷

● 图 5-83 混油漆喷涂

● 图 5-81 透明色清漆

4.6.3
验收标准

油漆施工的好坏对装饰面展示效果影响较大，但施工工艺并不复杂。验收时，不需要专业技术，只用认真仔细的观察油漆效果是否合格即可。

1. 墙面乳胶漆是否平整均匀，表面干净光滑，无空鼓、气泡或者开裂现象。墙面上的木饰面一般涂刷的也是乳胶漆，观察板接处是否有开裂现象。

2. 清漆项目观察表面是否厚度一致，漆面要求干净饱和，无颗粒、流坠、指纹脏污等。混油项目则是观察表面是否饱和，有无裂缝，漆的厚度均匀，颜色统一一致，无颗粒、流坠、指纹脏污等。

注意：油工项目施工，需要遵循不同漆对施工的室温要求，具体细则参考产品说明；如图5-85所示，施工过程中，做好防护工作，戴好口罩、胶质手套等，为防止施工人员中毒，施工过程中，应保持室内通风；为防止火灾或爆炸，施工现场严禁抽烟或使用明火。

● 图4-85 油工类施工现场

● 图4-84 用靠尺检查墙面平整度

● 图4-86 流坠现象

6

油漆工

chapter 5

旧房改造

当房屋居住时间过长时，原有的格局与布置难以满足当下的使用需求，老化的水电线路也会带来安全问题。此外人的审美也在随着时间逐渐更新改变，适当地对旧房进行改造将会营造出全新的居住感受。

1 旧房改造需求

进行改造前，应对房屋与自身情况进行合理分析，整理出恰当的改造方案，哪些需要整改，哪些适当保留，既可以节约成本，也保证了改造的实际意义。

装饰要点

无论是公共空间或是居住空间，一般需要旧房改造的房屋情况与要求主要是。

1. 空间使用主体的改变，致使对房屋的功能性要求改变

与相对稳定的居住空间不同，公共空间存在多变性，如大部分企业会根据自身需要选择租赁整个写字楼或其中一部分，承租时间少至2、3年，多至5年以上，并且每个公司对空间的要求均不完全相同，很难直接使用上一个租用企业留下的空间布置，因此，商业空间是此类旧房改造的主要主体。

2. 房屋因使用时间长而变得老旧，影响使用者的生活质量居住空间一般旧房改造频率较缓，有些住户甚至几十年都不曾进行过修整，根据市场综合数据来看，如果上一次装修质量过关，基本10年为一个周期，如果之前的装修出现实际墙皮龟裂、地板破损、隐蔽工程做得不到位等问题，那么可能仅5年就需要对房屋进行翻修。

3. 不满意当前的房屋风格

影响房屋改造的因素有重要的一个，就是房屋的风格已经不再时兴，无法满足人们日益提高的审美水平以及对生活品质的追求，可以通过对房屋进行风格改造的方法，增加空间的美感与实用性。

4. 原先的空间格局构造无法满足现在的使用需求随着使用人群的工作性质、人员数量、生活习惯等因素的改变，原有的格局规划有时无法实现使用需求，对房屋进行功能性的改造是比较彻底的旧房改造项目，所涉及的改造内容相对复杂，难度较大，需要专业人员提供技术支持与参考意见。如图5-3和图5-4所示为旧房改造前后对比图。

●图 5-1

●图 5-2

● 图 5-3 改造前

● 图 5-4 改造后

2 旧房改造分类

旧房改造主要分为局部改造、重新装修、翻新三大种类，酌情分析考虑房屋的基本条件后，选择其中一种进行设计规划。

局部改造

房屋改造需要消耗一定的时间、人力与资金，所以，当房屋只是某处出现问题时，可以进行问题部分进行改造，调整不合理的地方即可，开源节流，在最短时间内达到理想效果。比如：随着电器产品的增多，厨房内原有插座数量无法满足日常使用需求，可以对该空间的电路进行局部改造，增加适用线路；原房屋构造中没有书房这一功能区，可以通过分析房屋布置情况，使用合理的分隔方式（如书架、隔断墙等）在原有基础上隔离出一个新的空间。

重新装修

当房屋使用时间过长，使用者期望对其整体改造时，需要进行重新装修，如图 5-5 所示。重新装修即先将房屋回归到毛坯房状态，再依次进行正常的装修流程。回归毛坯房的过程中少不了破坏性的拆除手段，因此需要注意安全问题，并且，个别希望保留的部分应提前做好保护以免损坏。

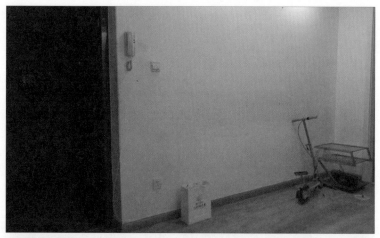

● 图 5-5 厨房装修

● 图 5-6 改造前后对比图

如图所示，旧房光线昏暗，装饰老旧，整个空间看起来拥挤狭小，通过改造手段，可以使房屋焕然一新。

客厅改造前后

客厅面积较小，冰箱将大部分光线遮挡住，室内采光较差，墙面乳胶漆由于氧化问题不再洁白。木制装饰如门/门框/窗框颜色发黄，样式也比较陈旧。通过改造，将客厅与厨房连接处的酒柜拆除，做成低书柜，增加空间的通透性；冰箱移开，换成通透的百叶窗；原有家具换成更加精致小巧的皮质家具，增加空间的使用率；整个原墙面图刷成米黄色，在暖色灯光的照射下，整个空间营造一种温暖浪漫的视觉效果。

●图 5-7

●图 5-8

玄关改造前后

原玄关顶部的柜子拆除，改造成造型顶，增加空间纵深感，玄关与厨房就餐空间的隔墙打通，扩大空间效果，在靠墙处安置一个美观的鞋柜即可满足使用。

●图 5-9

厨房改造前后

　　将厨房原有的物品全部去除掉，墙砖、地砖重新铺贴，换成有线条图案的瓷砖；原有橱柜换成定制款，整体看起来统一美观。

卧室改造前后

　　卧室墙面用灰色乳胶漆重新涂刷，与顶面的白色形成反差变化；暖气管道换成地暖，地面铺设脚感较好的木地板；卧室注重空间的隐秘性，挂上遮光性较好的落地窗帘，安静舒适的卧室打造完成。

● 图 5-10

● 图 5-11

翻新

　　如果房屋的硬性装修部分（结构、布置、水电点位等）符合现在的生活要求，则可以不用进行很大改动，仅仅对表面装修部分进行翻新即可，如：房屋原墙面墙漆出现裂纹并氧化发黄，可以通过重新涂刷墙漆，或是铺贴装饰壁纸也可达到焕然一新的视觉感受；对地板、石材打蜡抛光，将旧家具更换新成家具等，使空间看起来更加精致美观……翻新的消耗较少，但同样可达到十分理想的装修效果，如图 5-13 所示。

　　拆除水电和墙面经济实惠的二手房已经越来越被人们所欢迎，因为二手房通常都是九十年代的老房子，装修不能令我们如今的审美观点所接受。重新装修也有不少的学问在里边。实际上二手房翻新功略可以复杂也可以简单，主要是我们根据自己的经济能力适可而止。花几千元刷下墙面，或者装下厨房就可以入住。或者花几十万重新打造一个金碧辉煌的新房。所以小编提醒各位业主：二手房装修功略除了外在的翻新以外，也要注意墙面和水电路的问题。

　　在确认翻新老房改造时所牵扯的层面太广，它所耗费的时间和资金不是一般的翻新可比的。所以我们在决定翻新前，先了解了解这种情况是不是适合动工。我们有没有长期居住的打算，我们装修是为了获得好的生活质量还是为了面子而装修，所以这些问题具体审视后，再接下来的翻新也不迟。

　　根据实际情况后来再进行空间翻新，先了解哪些部分是急切需要改善的。除了人们表面上可以看到的硬件以外。比如格局的安排还有光线的铺陈等细节。最好把实际居住人的年纪、性别和喜好等都分别列出来，以便日后和设计师更好地沟通，装到最舒适的效果。

　　在我们准备对老房改造前要有一定的概念，才能够具体把握工程的流程和节奏。所以工作前的准备是必不可少的。具体相关的信息可以请教专业人士或者上网搜索。对需要发包的事项有了具体了解后，再衡量每项工程的支出范围是不是都在预算以内。避免日后所发生差异。

　　理解并了解这些分类，在选择旧房改造的方法时，将会减少不必要的浪费，使全部精力放在需要改动的地方，从而达到优质的装修效果。

● 图 5-12 铺贴壁纸

● 图 5-13 翻新

● 图 5-14 地面抛光打磨

chapter 5　旧房改造

客厅局部翻新

该客厅没有明显的问题，如图 5-15 所示，主要是装饰品和家具样式老旧，最简单的解决办法是更换更具特色的家具、灯饰、装饰品，如图 5-16。

● 图 5-15 客厅原始图

● 图 5-16 客厅翻新后

厨房局部翻新

将原厨房如图 5-17 所示的酒红色柜门更换成白色，水池与灶具的位置进行调整，更加符合"洗-切-炒"烹饪操作流程，便于人的使用；在墙面增加置物架，增加置物空间。

● 图 5-17 地面抛光打磨

3 | 旧房改造工程详解——拆除

拆除是旧房改造与普通装修的唯一区别，在这里主要讲解重新装修的施工内容。重新装修与普通装修相同的是水电改造、瓦工、木工、油工、成品这几个环节，施工顺序相同，但是，旧房本身自带装修成品，甚至在房屋的墙体与地面中埋着复杂的水电路管道，所以，旧房改造多出了一个重要的步骤——拆除。

拆除听起来似乎是一项并不包含技术含量的体力工程，只需要寻找工人来进行破坏性拆除即可，而事实上，拆除工程并不简单。在进行拆除时，首先应该了解该空间中哪些东西能拆除，哪些东西不能拆除，盲目的拆除容易带来许多麻烦，甚至引发安全问题，因此需要对拆除工程格外重视，对施工现场与施工人员加强监督管理。

● 图 5-18 吊顶、隔断拆除

验收

在旧房改造中，房屋验收尤为重要，每个旧房中存在不同的问题，合理地验收可以对房屋问题进行查明处理，避免影响装修的顺利进行。在进行验收时，应注意以下几个要点：

1. 测量旧房的具体数值与尺寸，区分承重墙与非承重墙，并绘制出房屋的平面图纸。

2. 全面检查房屋原有墙面顶面是否存在破裂、漏水、气泡等问题，如果出现以上问题，必分析原因并与相关负责人沟通解决办法，待问题解决后再进行施工。

3. 与业主核对房屋内的物品，哪些是不再需要的，哪些是希望保留的，做好相应记录与成品保护，以免后期施工时受到损坏。

● 图 5-19 橱柜拆除

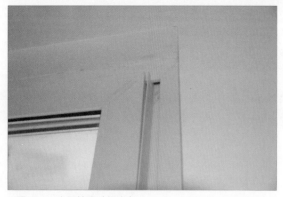

● 图 5-20 房屋检查（门窗）

● 图 5-22 房屋检查（地面）

● 图 5-21 房屋检查（天花、墙面）

拆除

门窗拆除

门窗在室内空间（尤其是居住空间）中是使用率比较高的主材，与墙面漆等装饰性材料不同，门窗如果出现问题将会直接给生活带来不便。经过日积月累的开合，门窗老化问题日益加重，如果材质坚固，可以通过重新刷漆改善视觉效果，但是，如果出现了变形、脱落、锈蚀等现象，就需要更换新门窗。

拆除门窗需要两个人，如图 5-23 所示，一人负责拆卸，一人负责稳住门窗。拆卸门窗的工人使用螺丝刀等将窗扇拆下，再通过手锤和螺丝刀搭配使用将门窗框拆下。在拆除过程中，不可使用大锤猛砸，避免墙体与结构受到损坏，应使用手锤和錾子将门窗四周抹灰层凿干净，拆卸下来的门窗要轻拿轻放，妥善处理。

● 图 5-23 窗户拆除

● 图 5-24 吊顶拆除

吊顶拆除

吊顶里会包含水电线管，在进行吊顶拆除时，由专业水电工将水电总阀断掉，并搭建好拆除所用的移动手机架。先拆除顶面设备，如图 5-25 所示，将顶面灯具和其他设备设施小心拆除，并及时运走，再依次将面板、龙骨、电管以及吊杆拆除。在拆除龙骨、吊杆时，注意不破坏其他顶面设备，如排水管道、风机管道等，施工时轻拿轻放，不可胡乱丢弃。如果业主有回收的材料，在拆除完成后将材料分类并摆放整齐。

墙面装饰层拆除

施工之前应充分了解墙面装饰层的工艺，包括其结构与材料。操作时使用扁铲、刮板、手锤等工具由下至上的逐段清除，如图 5-27 所示。铲除原结构表面的粉刷、防水层、与贴面装饰层，剔除松散构件，打磨构件表面污渍，打磨至坚实基层。对墙面不平整区域进行打磨，使用高强修补砂浆修复。

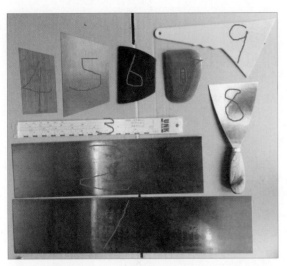

● 图 5-25 工具

● 图 5-26 墙面粘贴的确良布

● 图 5-27 墙皮铲除

● 图 5-28 砸墙

对于质量一般的原墙皮（腻子）来说，为了使重新涂刷的墙漆可以保持更加长久，应该将原有墙皮全部铲除，直到露出原墙砖为止，然后重新批腻子、涂刷墙漆。不过，有些墙体的墙皮材料是耐水腻子，并且质量较好，不易铲掉，对于这种情况，原墙面不用进行铲除，可以经过打磨后重新涂刷墙漆，或者在原墙皮的基础上批挂两遍腻子，分别用细砂纸打磨后涂刷墙漆。在不铲墙皮的情况下，墙面如果出现较多的细小裂纹，先粘贴的确良布或是牛皮纸做底衬，再进行施工，如图5-28所示，这样将看不出来原本的缺损。

墙体拆除

墙体拆除首先要做的第一步是确认墙内电线水管断电断水，并在墙体两边小于500mm处放置脚手架（图5-29），下面垫好模板以防砸落的墙体过于冲击地面。

拆除手段主要是"砸"，根据不同规格的墙体将会有不同的处理方法。高度在2—2.8m的墙，先使用电镐在墙体的下方开个50*50cm的洞口，后用大锤一点一点由下至上的砸，拆的过程中，需要注意躲避下落的碎块以免受伤；处理高度大于2.8m的墙体时，如果还从下方开始破坏墙体重心，那么很有可能被过高的墙体砸伤，因此首先用镐和凿子在上方开出一个洞口，并用大锤一点点向下移动，逐渐缩短墙体的高度，这个做法更为稳妥安全。

● 图 5-29 脚手架

注意：墙体拆除时，应紧闭门窗，防止扬尘污染环境，如图5-30所示；因拆除而产生的垃圾不得积压，一边拆除一边清运，运送过程中，需要洒水降尘。

承重墙

区分承重墙的最直观方法是参考建筑图纸或相关资料如图5-30所示，可以从墙体的厚度进行辨别，承重墙较厚，240mm以上厚度的墙体一般为承重墙，与邻居公用的墙、外墙虽然无法辨别厚度，但是这种墙的性质本身就是不可拆。从房子的结构来分析，砖混结构的房子中，除卫生间与厨房可能为轻体砖建成的以外，多为承重墙；框架结构的房子中，基本所有的隔墙均不是承重墙。

● 图 5-30 墙体拆除

● 图 5-31 平面图

● 图 5-32 配重墙示意

● 图 5-33 配重墙装修实例

● 图 5-34 瓷砖铲除

配重墙

　　配重墙不可乱拆，在阳台与室内空间的分隔处，经常会出现门窗组合，窗下有一座半墙即配重墙，如图 5-32 所示。配重墙是撑起阳台的重要部分，此处的门与窗可以拆改，但是这座半墙却不可随意拆改，尤其对于由飘窗阳台来说，配重墙更为重要，在不拆的情况下，如果做好规划，配重墙不会影响整体装修效果，如图 5-33 所示。

瓷砖拆除

　　瓷砖主要用于厨房、卫生间等地，在拆除之前，先将五金、卫浴洁具、厨房橱柜等物品（除马桶，马桶最后进行）拆卸掉，沿着瓷砖四周边缘清除嵌缝白水泥，使用凿子拆去瓷砖，如图 5-34、图 5-35。瓷砖凿掉之后，使用钢凿将底部水泥砂浆层凿掉，清除完墙面灰尘后用水浸湿墙面以防扬尘。

● 图 5-35 凿子

地面拆除、地砖拆除

地砖工程较大，首先考虑是否有整个地面全部拆除的必要。整个地面拆除，最好先从大门口处的地砖开始，使用锤子将凿子敲入地砖缝隙，可以将地砖整片撬起。或是先用切割机沿每块砖的边缘轻轻切割后，再用扁錾和小手锤逐一拆除。如果只是更换局部地砖，可以用锤子正面敲碎地砖，再将碎渣清理出来即可。

复合地板拆除

复合木地板的拆除方法相对简单，使用平口螺丝刀将踢脚线撬开，在沿踢脚线边缘将墙角处地板撬起拆除，如图 5-36 所示，带有锁扣的木地板可以轻松顺着长边抽出。将拆除完的地板清运出场，并将地板下的防潮毡撤除，待地面完全干燥后即可下一步施工。

● 图 5-36 木地板拆除

实木地板拆除

实木地板与复合地板的安装方式不同，它固定在龙骨上，如图 5-37、图 5-38 所示，不能使用切割机（易产生火花），撬时因为龙骨的原因会有一些难度，注意施工手法。实木地板价值较高，拆除时尽量保证完整性，可以处理给专门回收木地板的企业，既节省装修成本，又符合持续的环保理念。

● 图 5-37 木板摆放示范

● 图 5-38 实木地板拆除

PVC 地面拆除

当 PVC 地板使用时间过长时，表面将无法清理干净，需要将其拆除。先进行 PVC 地板切割，再用铲刀进行人工铲除，对于无法铲干净的 PVC 地面，先用斧头敲击，后用铲刀铲除。铲除的 PVC 地板材料及时从现场清理干净，最后使用打磨机对拆除后的地面进行打磨。

环氧地坪漆拆除

与 PVC 地面拆除方法相似，拆除环氧地坪漆地面时，先使用切割机切开环氧地面，再使用锤子将地面敲碎，将清理出来的废料及时清运出施工场地。

水电拆除

水电作为隐蔽工程，拆除过程难免会对墙面与地面造成破坏，因此更应该注意施工安全问题。在施工之前，首先与相关单位接洽现场情况与施工计划，了解原有管线分布情况，如图 5-39 所示，并进行书面记录，确定拆除项目安排拆除顺序。具体需要拆除的管线、原有设备等，将设备、水暖、电气等与外界相连接处所有涉及施工内容的接口均进行阻断，各种设备与管线的连接处使用专业工具拆开放置地面。电器设备拆除前必须断电，确认设备均不带电后方可继续拆除工作。配电箱拆除时注意保持箱内器具完好，从电源电缆进线端拆除。

● 图 5-39 水电管线

空调拆除

整修时,原有空调(不打算更换的)需要临时拆下,有专业人员施工,先将空调设置为制冷状态,此时压缩机工作,等3-4分钟后,将液管阀门关闭,再静候2-3分钟,将气管阀门关闭,最后切断电源,拆除铜管、线管,如图5-40所示。

拆除后的空调及室外机统一编号并记录在册,然后放置在干爽通风处,并架离地面防止设备受潮。等装修完全结束时,将空调室内外机按照对应编号安装回原房间位置,重新加氟并调试好,如图5-41、图5-42所示。

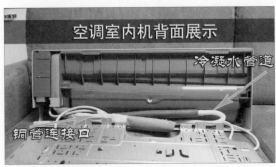

● 图5-40 空调内部结构

● 图5-41 空调安装

● 图5-42 空调拆除

4 旧房改造工程注意事项

与新房装修相比，旧房改造更为复杂并且难度较大，所以有必要了解改造注意事项，利于改造工程的顺利进行，并且实现前期的设计预期。

1. 施工安全是一切工程顺利进行的首要保障，在施工作业人员上岗前，必须切断水源电源，以确保人身安全。特种操作人员要求必须有一定的操作经验并且持证上岗。进入施工现场人员需按要求穿戴好防护用具，手持电动工具时，必须穿绝缘鞋、戴绝缘手套。

2. 拆除工序安排合理，首先拆除土建饰面层与影响水电设备拆除的骨架结构部分，其次是水电通风设备与管线拆除，最后是土建基础装饰拆除。

3. 现场需要建立临时用电设备，现场节点必须由专业的电工进行接电，严禁乱接，以防出现事故。

4. 拆除时，要做好成品保护，拆下的材料物品不可乱放，应码放整齐，木地板、木门、吊顶板等材料在施工过程中尽可能保持完好，可回收处理。

5. 凡是涉原结构的施工，必须同设计师、监理、房屋负责人进行沟通，确认方案后再进行施工。拆除过程中，如果墙、柱垂直度出现较大偏差时，要立即停止作业，及时与有关人员协商处理。

6. 拆除工程会出现较大噪音与装修垃圾。如果是居民楼，应安排白天施工，办公楼则是安排在晚上施工，具时间可以与物业方面进行沟通确认。装修产生的垃圾当天及时清运干净，现场如有扬尘，可以通过喷水降尘。环保措施是实现绿色工程的主要手段，将环保与整个施工流程结合在一起，不断改善、完善环保措施。

拆除与修复是旧房改造与新房装修不同的部分，当旧房恢复到毛坯状态时，剩下的工程与其他装修无异，顺次进行即可。旧房与新房装修差异并不大，至于视觉效果，主要取决于空间的设计与规划，所以在处理旧房改造工程时，在确定前期处理完整的情况下，用发散性的思维对待改造空间项目，旧房换新颜，在经过一番改造后，旧房可以焕发出与之前完全不同的光彩，如图5-49、图5-50所示。

● 图 5-44 管线拆除

● 图 5-43 绝缘工具

● 图 5-45 临时用电箱

● 图 5-46 装修废弃木地板整理

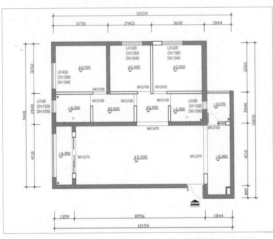
● 图 5-47 原始结构图（灰色实心部分为承重结构，不可动）

● 图 5-48 装修垃圾

● 图 5-49 装修效果

● 图 5-50 装修效果

chapter 6

冬季施工

冬季气温下降，许多地区气温将会降到 0℃以下，水将会被冻结，由此导致冬季施工面临许多的困难。水泥砂浆、木材、涂料等装修材料中均含有不同程度的水分，基本上每个工种的施工都脱离不了水，因此，室内温度在零下的条件下施工确实有许多不便，但是，由于现代化科技进步，实现冬季正常施工也并非不可能。

1 各个季节的装修特性分析

　　土建施工一般以连续五日平均气温低于 5℃为进入冬期施工的标准，停工时间较长，一般为 3 个月，而室内装修工程则稍有不同，为期两个月左右。一般情况下，室内温度略高于室外温度，且室内为相对封闭空间，施工时可使用取暖设备提高室温；此外，北方楼房通常会有集体供暖，即使施工过程中需要停掉施工房屋的暖气输送，在整个建筑物的影响下，室温一般不会过低，这也给冬季的室内施工带来可能。

　　开春装修是一个不错的选择，中国自古就有开春"动土"的施工习俗，并且春季气温回暖，距离夏季的雨季还有一定时间，对于一般工期为 60 天的室内装修来说可以完成整个装修流程。夏季由于天气炎热，雨水较多，不利于瓦工与油工的施工，涂刷的漆料不易干透，影响工程的顺利进行。秋季也是一个装修的黄金季节，"金九银十"是一个市场发展特点，这个时期的各行业都处于高峰状态，其中就包括装修市场，秋季空气干燥，气温适宜，既没有夏季湿热，也不如冬天气温过低，与春季相同，都可以保证一个装修周期的完成。冬季施工不利于空间内分子气体扩散，与夏季相同，冬季也是不利于施工的季节。

　　业主在夏、冬这两个季节时可以将重点放在房屋的设计方案、装修材料准备上，这两个季节是装修市场的相对淡季，装修材料商家的让利一般会比较大，可以一定程度的减少业主的装修成本，并且如果需要寻找设计师来负责房屋，处于市场淡季的设计师将会有更多的时间放在设计方案上，考虑也会更加周详，设计出来的房屋室内效果会更加理想。

　　充分利用季节特性将施工进行合理的分段安排，可以提高装修的质量，虽然是短期的投资却会带来长期性的影响，因此，在装修时间处理上花费一些精力去考虑是十分重要的。

　　通过上文分析可知，冬季并不适宜装修，但是也并非完全没有益处，接下来，将通过多角度分析它的利与弊，从而帮助更多人在冬季施工中做出更合理的安排。

冬季施工的利与弊

利

1 木质材料稳定

　　冬季木材含水量达到最低，木材结构相对稳定，包括木龙骨、石膏板、木器等，不易返潮变形，并且在木制品的施工中，黏合剂迅速脱水，黏结度提高，材料更加结实稳固，如图 6-1 为木材原材料。

2 检验材料质量

　　质量不过关的材料在冬季容易暴露出不稳定因素，此时拿去更换材料将会免去以后的麻烦，这样问题可以及时得到处理，也减少了后期相应的维修，更加保证工程质量。

3 涂料施工效果佳

　　冬季空气湿度较低，干燥的环境有利于墙地砖铺贴与涂刷涂料施工后的水分蒸发与油漆迅速成膜，减少墙、地砖的表面会出现的损坏与裂纹，施工进度也会加快。

4 有害气体挥发快

　　冬季供暖使室内外空间温差较大，刚装修完成的房屋内温度适宜，通风良好，在暖气的作用下，装修材料中的甲醛、TVOC 等有害物质的挥发加快，有效减少气味残留。

● 图 6-1 木材原材

● 图 6-2 建材

弊

1 材料易开裂

虽然冬季有利于木制品装饰材料的施工，油漆涂料也比较易干，但是，吊顶、饰面、墙面却容易在干燥的环境中出现开裂现象，如图 6-3、图 6-4 所示。施工的各个项目都是环环相扣，并且彼此联系密切，无论是什么材料出现问题，都将会对施工造成阻碍，影响施工的装修效果。

2 工期容易延误

正常装修工期为 60 天，在天气或者其他主观因素的影响下，工期可能会延长到三个月或者更长，这样就会出现装修的工期出现"跨年"的问题。"跨年工程"指的是工程在进行到农历新年年底时仍未完工，技术员、工人等人员由于回家过年暂停工程，等新年结束后再开始进行施工的工程。"跨年工程"无可避免地会影响工程的进度，并且工种间的衔接也出现断代，所以尽可能地将工程在新年之前完成，如果确实无法在年前结束，则应该做好年前停工准备，并对年前工程进行验收，对装修材料进行清点记录，做好工地现场的保护措施。

● 图 6-3 石膏板开裂

● 图 6-4 木地板起翘

2 | 冬季施工要点

虽然冬季给施工质量带来较多不利因素，但是如果能做好各个施工环节的严格把控，实现冬季工程页并非难事。

温度把控

冬季室外温度过低，一般在 0℃ 以下，而在室内装修时，应该将室温控制在 5℃ 以上，而油漆施工时，温度最好控制在 8℃ 以上，如果室内温度达不到要求，应暂缓施工，已经开始供暖的房屋可以阶段性地进行增加供暖设备增加室内温度。当冷空气来临时，要及时关闭窗户，防止冷空气进入。

湿度把控

冬季时空气湿度降到最低点，在实际施工中，适中的空气湿度才是最有利于施工顺利进行的环境条件，因此可以通过在施工现场淋洒些水的方法适当增加空气湿度。

通风把控

室内通风最好做到风量适度，过大或过小的通风状态都是不适宜的，针对不同的工程特性，通风也有不同的技巧，如：墙、顶面批刮腻子墙衬时，室内通风量不宜过大，应该做到墙、顶面自然风干（此时室温不能低于 5℃），这样有助于污染物的扩散排放；墙、顶面涂刷乳胶漆时，不易通风（此时通风易造成表面粉化、开裂、粘灰尘杂物等，此时室温应保持室温不低于 5℃）；油漆类施工过程中会产生刺激性气味，应该适度通风，既可以加快油漆的干燥，也可以尽可能的散去有害气体。

静置主材

装修开始之前需要提前备好主材，尤其是木材，受到冷热空气变化影响的木材会凝结出水汽，在进行施工前，可以将木材放置在有供暖设备的室内 3-5 天，让木材尽快挥发水分从而使含水量达到室内水平，这样木材才不会在装修中出现问题，如图 6-5 所示。但需要注意的是，木材不可直接放置在取暖设备上，以免受热不均导致变形。封漆处理具备减少水分的丢失与防污的双重功效，对于一些木材，可以及早进行封漆处理，保证木材的稳固性。

水泥砂浆不能露天施工，需要做好防冻措施，水泥砂浆所需的沙子可以通过细筛去除冰块，如图 6-6 所示，

根据实际的操作情况，也可以在调配水泥砂浆时加入防冻剂（图 6-7），并注意搅拌砂浆的水温不能超过 80℃。

● 图 6-5 静置主材

● 图 6-6 过滤沙子

● 图 6-7 防冻剂

冬季室内外温差较大，无论是地砖还是墙砖均可能因为冷热交替出现热胀冷缩的现象，从而引发空鼓、脱落的问题。墙、地砖应该在室内放置一段时间，等适应室内温度时再进行铺贴，铺贴完成后注意及时勾缝，如图6-8所示。

5. 细节把控

由于冬季室内失水较快，空气干燥，油工在批刮腻子时注意把控腻子的厚度，不能刮得太厚，否则易造成空鼓开裂等现象。在低温下进行施工的工程需注意，保留伸缩缝并处理好接缝（主要指板材）如图6-9、图6-10所示。温度较低时，板材会冷缩，如果按照紧缩的情况将板材安装好，到了夏天，板材会因为温度的升高而产生膨胀，那么原本合适的缝隙将会因此变得过小，造成木材挤压变形。

门缝不可太小，以免夏季门因为过紧而不易开合；木制品伸缩缝均控制在1mm左右，水泥板、石膏板则控制在8mm左右；木地板（尤其是实木地板）在铺设时，四周留下2mm空隙，以免后期出现悬空、空鼓情况。

6. 更换窗户

有些业主在装修时要求替换原有窗户，比如将普通铝合金窗改为塑钢窗如图6-11、断桥铝窗如图6-12。冬季换窗需要注意一些问题：外窗更换一定要注意安全，固定牢靠；外窗四周要用水泥砂浆封严，保证窗户的密封性；窗户会因冷热变化而产生收缩，因此窗户的密封胶条不能封的太死，否则，冬天更换的窗户到了夏天会变得开关费力。

塑钢门窗；密封效果－良 隔音效果－优 隔热效果－优 抗风压性－一般 雨水渗透－良

断桥铝门窗；密封效果－良 隔音效果－良 隔热效果－良 抗风压性－优 雨水渗透－优

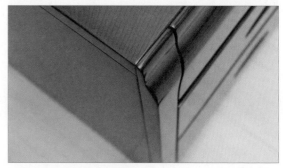

● 图6-9 木制家具留伸缩缝

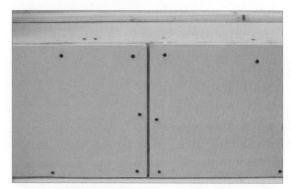

● 图6-10 石膏板留伸缩缝

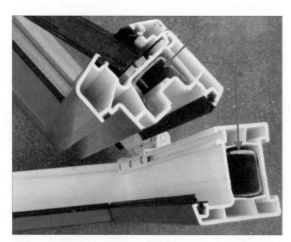

● 图6-11 塑钢窗

● 图6-8 勾缝处理

● 图6-12 断桥铝窗

3 | 化解劣势——冬季施工的主要防护措施

为确保项目的顺利实施，杜绝安全隐患，冬季施工与其他施工相比，更加注重防护工作，做好防护措施至关重要，切勿忽略这一步骤而因小失大。

水电

水电施工项目受到气温影响较大的因素是水泥砂浆，水泥砂浆使用气硬性（干性）砂浆，如图6-13所示，水电线管开槽填充施工后48小时，即是水泥砂浆变得坚固后方可进行其他工程。

● 图6-13 气硬性砂浆瓦

瓦

前文说到，冬季过低的温度会对混凝土与水泥砂浆产生影响，随时保持室温是进行铺砖类施工的先决条件。沙子在使用前细筛冰块，使用过程中要随用勤调，并且在水泥砂浆中，对防冻液的使用要慎重，亚硝酸盐是防冻液的主要成分，使用过量会导致中毒。加盐使水泥砂浆的凝固点降低的同时还会降低硬度。

不论是墙砖还是地砖，砖是大部分家庭装修的主材首选，在实际安装前，砖应该经过泡水处理，当砖水分达到饱和时再进行铺贴。需要注意的是，为了更好地吸收水分，不要使用温度太低的水浸泡砖，以免影响工程质量。当从寒冷的室外搬进的砖需要在室内放至1-2小时后使用，保证砖适应室内室温，避免出现脱落、空鼓的现象。

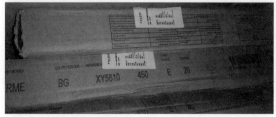
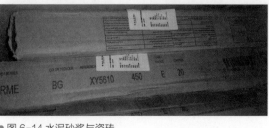

● 图6-14 水泥砂浆与瓷砖

木工

木工施工主要在于板材的处理，装修所用板材应提前备齐，为了能更好地蒸发板材内水分，木材类板材可提前在有采暖设备的房间里放置 3-5 天再使用。需要注意，板材放置时应远离热源（≥ 800mm），以免板材被烘烤变形。如果放置板材的房间的供暖设备是地暖，需要用木方将板材架离地面几厘米，防止木材变形，如图 6-15 所示。

饰面板在进行码放时，使用面对面的方法进行排列，为了保证饰面板不卷翘、不开裂，可以用大芯板放在上方施加压力，如图 6-16 为板材存储正确方法。

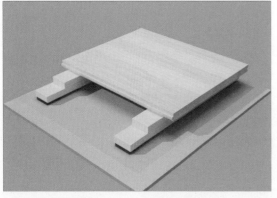

● 图 6-15 摆放饰面板

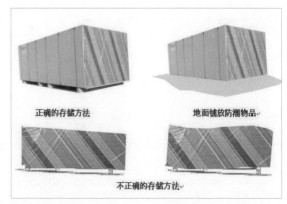

● 图 6-16 材料存储方法

油工

该施工环节首先是墙面基层处理，腻子不能刮的太厚，油工在喷刷各种涂料时，应严格按照产品说明进行施工，各类涂料环境温度一般控制在 5℃ 以下，其中混色涂料施工时温度一般不低于 0℃ 即可，而清油施工温度则是不低于 8℃。冬季施工需注意保持室内温度，尤其油工要求更加注重"保暖"，时常注意紧闭门窗，如果室内温度实在达不到要求，可使增加电暖器采暖设备，保证工程顺利完成，如图 6-17 所示。为防止水性涂料、胶类材料被冻坏，不能将这些物品放在背阳房间或是阳台，最好存放在室温较高的空间中。

● 图 6-17 墙面喷漆

chapter 6
4 | 冬季施工安全

　　当室外平均气温连续 5 天低于 5℃即为冬季施工。冬季气温骤降，土壤、混凝土、水泥砂浆中的水分极易冻结，建筑材料稳定性变差，容易脆裂，给施工带来诸多困难，因此，为了保证施工质量，采取合理的措施是解决冬季施工困难的重要途径。

　　1. 冬季气温低，许多施工人员衣着厚重，动作也不如其他季节灵敏，所以一定要注意人员安全问题，做好防火、防滑、防冻、防触电、防人员安全事故五项措施，如图 6-16、图 6-19 所示；

　　2. 冬季天干物燥，一定要加强对防火意识的培养，增加工作人员的安全意识，杜绝一切安全隐患，禁止使用明火取暖以免造成火灾或是中毒事故；

　　3. 做好施工现场清理管理工作，防止地面因液体凝结过滑导致摔伤；

　　4. 施工人员合理穿戴个人防护用品，以防手脚被冻僵而导致操作失误；

　　5. 严禁使用不合格的插座、电线设备，施工时禁止使用裸线、破皮电线，如图 6-20 所示，使用绝缘胶布处理后再进行使用。

● 图 6-19 安全标识

● 图 6-18 消防栓检查

● 图 6-20 破损电线

chapter 7

装修污染

装修污染是装修过程中出现的一种环境污染，是由于人们采用了不合格的装修材料以及不合理的设计导致的。装修污染类型较多，对人体健康产生不利影响，针对不同情况采取不同措施是解决装修污染的主要方法。

1 | 空气污染

空气污染主要指的是由于装修材料内混有大量的化学成分，其中一些挥发性的气体会影响人的身体健康，这些有害物质看不见、摸不着，存在空气中，通过呼吸系统进入人体内，带来极大的影响。

装修污染分类

通常人们所了解的装修污染一般多为材料中甲醛等有害气体超标造成的空气污染，其实不仅仅如此。根据不同的污染特性，将装修污染进行类别划分，有助于人们对污染进行合理地控制，并有效地提供相应的防范处理措施，实现绿色室内环境。根据污染的形式，装修污染主要分为空气污染、废弃物污染、噪音污染等几类。

装修污染即装修行为给室内外环境带来污染的影响，它是随着装修施工行业的发展而产生的新的环境污染。装修所带来的污染将会危害人身体健康，影响生活质量，因此，在进行装修施工时，不仅需要考量布局、风格、采光等因素；如何治理装修所带来的污染也是至关重要的。

随着科技的进步，装修市场需求旺盛，各式装修材料层出不穷，在巨大商机的影响下，一些不法商家提供的装修材料中有害物质含量超标，导致室内空气中混有大量的甲醛、苯、氨等挥发性有机气体积压。有害气体将会引发呼吸道疾病、慢性肺病、血液疾病等，给人体带来多系统、多组织、多器官损害，尤其对体质较弱、抵抗力比较差的老年人和儿童来说，如图7-6宣传图所示，有害气体将会给他们的健康带来不可磨灭的打击。因此，在装修时，应注意材料的选择，使用绿色环保的，符合国家标准的产品，避免使用含有有害物质的建材。

● 图7-1 施工现场

按照不同的标准，室内装修污染可以作不同的分类，并且具有不同的法律意义与现实意义。

TVOC（总挥发性有机物）

TVOC 是挥发性有机气体的总称，包含一氧化碳、二氧化碳、苯类、甲醛等，是影响空气污染的主要因素，TVOC 不仅存在于室内，室外也有大量的 TVOC，因此，解决装修污染，仅仅是开窗通风，是达不到理想效果的。如图 7-2 所示，是日本调查年度各类 VOC 来源占比示意图。

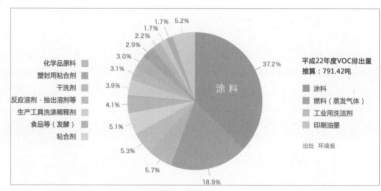

● 图 7-2 挥发性 VOC 排出量比例示意图

氡污染

无色无味的放射性惰性气体，多存在于水泥、砂石、天然大理石中，氡气是一种会诱发肺癌的气体，室内污染性仅次于吸烟。

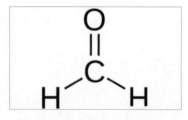

● 图 7-3 甲醛分子式

甲醛污染

甲醛在装修污染的认知度比较高，主要存在于板材、家具和涂料中，尤其是人造板材，人造板材中有大量的胶黏剂，这种介质是甲醛污染的主要来源。甲醛分子式如图 7-3 所示，它有刺激性气味，刚开始会给嗅觉上的刺激，一些敏感体质的人会出现过敏现象，长期可引起青少年记忆力、智力减退，甚至是鼻咽癌、结肠癌、新生儿染色体异常，以及白血病等重大疾病。市面上许多劣质材料甲醛超标，人们对甲醛超标的重视性促使商家推出许多号称"0 甲醛"的产品，事实上，产品很难达到"0 甲醛"的标准，只能做到将甲醛含量控制在不影响人体健康的范围内，但是，当各种装修材料大量的集中在一起时，室内空气质量仍然处于污染状态，如图 7-4 所示，因此在选材上，应全面考量，尽可能地降低装修带来的污染程度。

● 图 7-4 甲醛来源

苯污染

苯污染主要来源于涂料、油漆、胶黏剂等有机溶剂中，是一种无色、气味芬芳的气体。苯包含毒性大的纯苯、甲苯，以及毒性较弱的二甲苯，由于它的香味，会使人忽视其毒性，在不知不觉中渐渐中毒。长期吸入苯将会造成再生障碍性贫血与白血病，国际卫生组织已将苯列为强致癌物质，并且苯对与女性的影响高于男性，育龄和孕期的女性尤其注意远离苯污染。如图7-5、7-6所示，装修市场中有许多中装饰涂料，在选择时需谨慎。

氨污染

氨是一种无色但具有强烈刺激性臭味的气体，它主要对上呼吸道有腐蚀作用，降低抵抗力，对动物的影响尤其大。氨的污染多是来源于混凝土的外加剂，室内的氨污染多存在于家具涂饰时所用的添加剂与增白剂，氨水是建材市场的必备产品。

● 图 7-5 各种品牌墙面乳胶漆涂料

● 图 7-6 木器漆涂刷

● 图 7-7 现场喷漆

7.1.2
检测方法

室内环境是人们工作、生活的重要场所，人的一生几乎有一半的时间在室内度过，很多室内空气污染物能在短时间内给人带来危害。一般情况下，室内空气污染物潜伏期为3-15年，有的甚至会更久，长达几十年，比如放射性污染。长时间处于这样的环境下的人体积累下的有害物质会越来越多，危害也就会越严重。处于这种环境下的人就像慢性中毒，当中毒症状渐渐转化为病变时，人体才会出现直观反应。在这种市场需求下，一种新的产业应运而生——室内空气检测（indoor air testing），如图7-18为室内空气质量检测标准。

序号	参数类别	参数	单位	标准值	备注
1	物理性	温度	℃	22~28	夏季空调
				16~24	冬季采暖
2		相对湿度	%	40~80	夏季空调
				30~60	冬季采暖
3		空气流速	m/s	0.3	夏季空调
				0.2	冬季采暖
4		新风量	m³/（h·人）	30	
5	化学性	二氧化硫	mg/m³	0.50	一小时均值
6		二氧化氮	mg/m³	0.24	一小时均值
7		一氧化碳	mg/m³	10	一小时均值
8		二氧化碳	%	0.10	日平均值
9		氨	mg/m³	0.20	一小时均值
10		臭氧	mg/m³	0.16	一小时均值
11		甲醛	mg/m³	0.10	一小时均值
12		苯	mg/m³	0.11	一小时均值
13		甲苯	mg/m³	0.20	一小时均值
14		二甲苯	mg/m³	0.20	一小时均值
15		苯并芘	ng/m³	1.0	日平均值
16		可吸入颗粒物	mg/m³	0.15	日平均值
17		总挥发性有机物	mg/m³	0.60	8小时均值
18	生物性	菌落总数	cfu/m³	2500	依据仪器定
19	放射性	氡²²²	Bq/m³	400	年平均值（行动水平）

新风量要求≥标准值。除温度、相对湿度外其他参数要求≤标准值

● 图7-8 室内空气质量检测标准

室内空气检测是针对室内空气污染超标的情况，进行技术性的分析、化验的过程，得到检测值，根据这份检测资料，出具国家认可（CMA）、具有法律效益的检测报告。检测结果通过室内空气质量标准分析，可以判断室内空气各项指标的状况，进行相应的防范解决措施。

一般情况下，CMA是计量认证报告是公共场所需要用到，是有关部门为了更好保证公共环境的健康做的相应措施，而普通家庭找当地的相关检测治理公司即可，但是检测设备需与国家部门统一，以保证检测结果更有公信，如图7-9是空气质量检测设备。

业内关于空气质量的衡量标准有两个，一个是《室内空气质量标准》，一个是《民用建筑室内环境污染物控制规范》，其中，《室内空气质量标准》是一个基本标准，对房地产商、建材商并没有约束力，而《民用建筑室内环境污染物控制规范》对建筑工程实施的环境控制，是一种强制性的施工指标，但是需要注意的是，尽

● 图7-9 检测仪器

管房屋的建造与装修均符合标准，也仍不能保证在后期置入家具时室内空气质量不会受到影响，因此，以保证人身健康为目的的检测才是最可靠的衡量标准。

消费者在装修完工后，依据《民用建筑室内环境污染物控制规范》检测验收房屋，等入住一段时间后，再以《室内空气质量标准》为标准衡量室内空气状态。

对于准备入住或已经入住的情况，检测规定要求门窗关闭12小时-20小时再进行空气采样，封闭和检测过程中，不可使用空调或换气设备、不可使用燃气设备、不可使用化工产品（如空气清新剂等），以确保检测结果更接近真实状态。

检测结果空气浓度超一倍以内污染程度，室内如无老人幼儿，通过每日通风、摆放绿植等手段改善环境状态即可，如果在同等环境下，有老人幼儿居住，最好暂且离开该空间，等待实施环境治理措施并进行二次室内检测后再考虑入住。如果污染浓度大于1倍以上，建议进行环境治理，并请有资质的检测机构进行验收方可放心入住。

7.1.3
改善空气污染的途径分析

室内空气污染的主要原因是劣质的装修材料的有害物质超标所致，因此在装修选材上必须使用有国家安全认证的健康环保材料，从根本上降低污染。

通风

通风法是最基本的解决空气污染的方法，通过空气的流动，将有害气体替换到室外，便捷有效。但是，由于一些污染物挥发期较长，如甲醛（3-15年），因此仅仅是通风也无法达到环境治理要求。需要注意的是，室外空气污染物也是室内空气污染来源之一，因此当室外空气质量较差时，避免开窗通风。

活性炭吸附

活性炭孔隙可以吸附污染物，孔隙越小的活性炭有越强吸附力，但是有一定限度，炭所吸附的污染物无法做到自行挥发或分解，因此不能恢复清洁功能，所以活性炭吸附力会随着时间的推移渐渐弱化，大约1个月后就不再有理想的吸附效果了。如图7-10是活性炭颗粒。

相对于苯，活性炭对甲醛的吸附力较弱。

植物吸收

从原理上来看，植物可以通过光合作用吸收有害物质，但是仅仅能起到辅助性的治理作用。植物对有害气体的吸收能力有限，并且还是在有光的条件下才能顺利进行，如果一个房间内的有害物质超标，那将会持续性的释放污染物，需要大量的绿植进行光合作用才有可能吸收一部分污染，仍不会停止污染行为。因此，绿植的室内治理污染的功效不可被夸大，应理性科学的对待空气治理，在治理的过程中，摆放一些绿植帮助改善空气质量的同时，也可以起到装饰效果，如图7-11所示。

食醋熏蒸

氨气属于碱性气体，食醋属于酸性物质，通过熏蒸食醋，可以中和空气中的氨气成分，并且也不会和其他有害气体产生不良的化学反应。

空气净化设备

大多数空气净化设备通过换风、释放臭氧、负离子，并吸附空气中的污染物，起到清洁室内空气的作用。如图7-12、图7-13为新风系统循环方式示意以及新风设备。

● 图7-10 活性炭颗粒

● 图7-11 室内绿植摆放

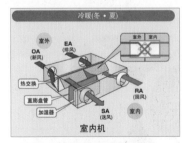
● 图7-12 新风系统运行示意图

● 图7-13 新风设备

7.1.4
污染预防

当污染形成时，无论怎么治理都无法从根本上解决污染问题，因此在装修的准备工作开始前，就应该对装修材料进行设计考量与质量把控。

1. 所有装修材料包括辅材，都应选用符合国家标准的环保型材料，特别是胶性材料、油漆溶剂等。软装装饰材料同样不可忽视，如图 7-14 所示。

2. 儿童房尽量避免使用天然石材，例如花岗岩、大理石，减少氡气的释放。儿童房内避免使用大面积颜色鲜艳的涂料与油漆，避免金属含量超标，危害儿童的身体健康，如图 7-14 所示。

3. 壁纸不要轻易使用，如果确实需要壁纸，应选择正规厂家生产的、质量过关的壁纸类产品。

4. 在条件允许的情况下，油漆与涂料尽可能地使用水性的，这类材料的污染性相对较小。

5. 新家具最好在空房间里静置一段时间再进行使用，有助于家具上的有害物质的挥发。如果发现新购家具污染室内环境，可以直接寻找生产厂家解决。

● 图 7-14 上：软装材料样品；下：彩色涂料

● 图 7-15 木制材料装修效果图

2 | 噪音污染

凡是干扰人们正常休息、学习和工作，对人类生活生产有妨碍的声音统称为噪声。装修时难免会产生噪音，对周围的居民产生影响，因此在装修时，对噪音进行合理控制是十分必要的。

7.2.1 施工噪音防治办法

许多业主为了尽早入住而让工人加班施工的心情虽然可以理解，但是因此带来更多的噪音污染却是让人难以忍受的。在装修污染范畴中，空气污染时最主要的污染问题，此外，还有噪音污染。室内装修噪音污染属于社会生活噪声污染，有相关的法律进行约束。《环境噪声防治法》总则第四十七条：在已竣工交付使用的住宅楼内进行室内装修活动，应当限制作业时间，并采取其他有效措施，以减轻、避免对周围居民造成环境噪声污染。违反规定可以申请公安机关协助解决，并有相应的处罚，因此，正常情况下，想要进行装修施工，必须通过物业办理装修许可证方可进行，物业会对施工方进行约束，以防噪音打扰居民环境。通常住宅楼作业时间集中在工作日的白天，中午午休不作业，而公共空间比如办公楼则是集中在晚上以及周末施工，以免影响其他人的工作与生活。

7.2.2 生活噪音防治办法

安静的空间可以使人的精神状态保持在理想状态，无论是工作还是生活，噪音都将会是影响生活质量的因素之一。除了噪音来源的控制外，可以通过装修设计的方法来降低噪音对人的污染。

1. 门窗阻隔是起到隔音作用的主要手段，门窗的质量直接影响到隔音效果。门窗的隔音效果差异较大，材料的优劣与密闭性能是决定隔音效果的因素。对于门来说，木门的密度越大，重量越沉，门板的隔音效果越好。

2. 家具是空间内最自然的吸收体，尤其是木制家具，其中，松木的吸音效果是比较理想的，因此，多使用木制家具，可以有效地降低空间中的噪音。

3. 粗糙的墙壁表面可以起到吸音的作用。如图7-18所示，在墙面材料的选择上，可以使用壁纸或是文化石，声波在这类材料上产生多次折射，从而降低声音的传播率，减弱噪音。顶面材料可以选用隔音材料，再附加一层石膏板，也是一种理想的降噪方法。

4. 除了装饰工程外，可以通过软性装饰物改善空间声音环境。使用厚重的布艺或是织物，如图7-19所示，平铺柔软的地毯，消除人走在地面上的声音，或是悬挂厚重的窗帘帷幔，隔音的同时还可以阻隔光线，给居住者营造一个安静、舒适的生活休闲空间。

● 图7-16 窗户密封条

● 图7-17 隔音木门

● 图7-18 文化石

● 图7-19 窗帘、地毯铺设

3 | 装修垃圾污染

可持续发展是当代社会的环保理念，为了贯彻这一理念，不仅要注意装修过程中会出现的污染问题，对装修所造成垃圾的处理也尤为重要。

装修垃圾与普通的生活垃圾不同，量大且成分复杂，不可随意处理。如图 7-20 所示，它是由于装修过程而产生的废物组成，包括废砖、废料、剩余木板边料等，一些装修垃圾带有化学成分因而污染环境，因此更不能随意丢弃。如图 7-21 所示，一般是要求运送到物业指定地点后再由物业进行统一清运，如违反相关规定，会面临相应的处罚。

● 图 7-20 装修垃圾

● 图 7-21 装修垃圾小区指定堆放点

7.3.1 装修垃圾处理方法

处理好装修过程中产生的垃圾，是业主应尽的责任，无论最终落实到业主本人还是施工方或者物业，最终却是看三者之间的协商结果。业主可以自行处理或者是向施工方支付一定费用由施工方或是物业进行统一清理运送。

1. 施工方处理

装修垃圾可以由施工方进行直接清理，施工方会根据实际情况，将垃圾清运的费用核算到施工报价中去，省心省力，但是需要支出一定的费用。垃圾清运的费用一般是以车来计量的，一车 200 元左右是常见价格，施工方会用清运车将垃圾运往相关部门的指定位置。

2. 物业处理

装修垃圾不属于生活垃圾，而是建筑垃圾，如果业主不知如何处理装修垃圾，不如将垃圾交给物业来处理，与施工方处理垃圾相同的

是，物业也会收取相应的费用，根据不同的小区，物业的收费也会有所不同。

3. 回收

装修垃圾并非都是需要直接放弃的废料，其中的一些可以进行废品回收。基本上所有的装修建材都有外包装，并且其中的一部分，都是为了保护建材专用的质量非常好的硬纸皮，回收这些纸皮，不但降低了装修造成的污染，并且实现废品的循环利用，减少能源浪费。

但是，并非所有垃圾都适合回收，比如知名品牌的涂料桶，一些

不良施工队会收购这种桶并重新填充劣质涂料，为了利益侵害到居住人的健康，因此为避免被不法分子利用，业主将这类垃圾全部送往指定地点是最安全的做法。

4. 个人处理

如果为了降低装修成本，可以自己寻找工人或是亲自清运装修垃圾，只需租借手推车即可，花费极少，但是相对的会辛苦费力一些。

各种清理方法都有各自的优点与弊端，业主根据自身需要来进行选择最合适的清理方法是最为有效的。

chapter 8

智能家居

近年，随着互联网的发展，智能技术快速渗入各个行业。在室内设计中，智能家居概念也已经不再新鲜，个人与企业都开始引入智能系统，为工作与生活提供便利。

1 | 智能家居介绍

曾经，智能家居给人们的概念是：昂贵、富有现代科技感、实际使用率不高。其实，随着互联网科技的进步与设计理念的不断完善，智能科技渐渐融入生活之中，变得平易近人，它不仅可以给人的生活带来便利，还可以增加空间的安全性，让使用者更好的掌控空间状态，改善空间的使用感受。在国外，智能系统已经延伸到各个领域，可以说，在国内，智能家居未来将会有无限的发展前景。

智能家居系统 Smart Home system

智能家居系统又称智能住宅，主要指的是以互联网为渠道，依据综合布线技术、人体工程学原理、场景联动、卫生防疫等专业技术高效结合在一起，连接各个设备包括音频设备、照明系统、防盗警报、数字影院系统、通信设备、环境监测等，全方位统筹管理与信息互助，实现"以人为本"的居住新体验。

特点

随意性：在智能家居系统中的功能都是为了迎合人的使用感受进行设计安排的，因此大多都具有随意性，设备间的关联、操作的记忆功能，随机可变的调节功能等，控制随意、调整便捷，在享受环境的同时还可以起到环保节能的效果。

可扩展性：智能家居间的关系并非单向或一成不变，具有一定的延展性。最初照明系统可以与常用电器设备相连接，根据生活需要的渐渐变化，后期智能家居系统可以与其他设备联系起来。智能家居系统是以模块的形式出现的，即使后期需要改变也不需要破坏原有的装修，只需增加相应模块即可。

安装简单：智能家居系统无论是安装和操作都是十分简单便利的，它不会对现有的结构有任何影响，也不用增加电器设备就可以连接原有的各个设备，远程操作也完全可以实现。

智能系统的最终目的是以最少的投入换取最大的功效，创造高质量生活。因此在设计布置智能系统时，以下设计原则为设计要点，确保系统实施时的可用性。

系统构成

主要构成为家庭网络系统、家居布线系统、中央控

制管理系统、家居照明控制系统、家庭安防系统、家庭环境控制系统、背景音乐系统、家庭影院与多媒体八大系统。其中中央控制系统、家庭安防系统、家居照明系统属于标准的智能家居，也是基本项，其他的系统属于可选系统，根据用户需要进行选择。

● 图 8-1 智能家居系统

● 图 8-2 以人为本的智能家居

● 图 8-3 别墅住宅智能系统分布

设计原则

实用性：智能家居系统最主要的特性就是实用性，做不到这一点的智能系统就失去了意义。设计理念应做到简洁而人性化，去除华而不实的功能。最基本的实用功能主要是：家电控制、防盗报警、灯光控制、窗帘控制、门禁对讲控制、视频点播等，如图8-4所示为手机上的智能家居系统客户端操作界面。

标准性：智能家居系统技术上的基础设计规划不能脱离相关规定，保证不同生产商设备间互相兼容，采用标准TCP/IP协议网络技术，保证信息互通无阻。各设备、模块的接口使用标准化设计，系统与未来第三方受控设备互相联通，以确保后期可以拓展使用。

安全性：为应对复杂的室内环境变化，智能系统应做到全天全时无障碍运转，系统性能良好、使用安全，并有备份措施，保证即使出现差错也可以最大程度化解。除了使用安全外，智能家居系统必须要保证数据信息的安全性，否则将会给整个系统带来安全隐患。

● 图8-4 智能手机操作界面

智能家居功能

遥控

智能家居的许多功能可以通过遥控器的方式进行控制，如灯光、饮水机、窗帘、电视机等设备，甚至在一

个房间中可以查询并管理到另一个房间的设备。让用户不在遥控范围内时，可以通过手机来控制家中的设备，了解居室内的空气质量、温度等，控制设备进行杀菌换气，调节温度，如图8-5所示。

● 图8-5 智能家居面板显示

定时

定时功能可以设定设备的运行时间，省电的同时也不影响使用功能。

宏观调控

智能系统的宏观调控功能可以让人控制整个空间的照明与设备，并掌握它们的工作状态，如进门在玄关即可同时开启客厅厨房的灯光与电器，如身在卧室可以同时打开客厅与卫生间的灯光电器。

空气调节

对于智能家居来说，可以通过一些设备系统做到在封闭的室内更换空气，不必开窗就可以将空气引入过滤，并将浊气、有害气体排除出去。

监控功能

智能家居配有全面的监控系统，如图8-6所示，视频监控可以在任何时间、地点，只要是有网络的地方均可实现操作，并且支持数据存储于传输，达到专业的安全防护。

● 图8-6 家用监控

2 | 工程技术标准

为更好的规范施工流程，明确双方责任，有规范的施工技术标准将会减少施工中的问题阻碍，提高工程效率。

业主方材料准备（或委托施工方购买）

常用的设备有：智能终端、智能插座、调光开关、电动窗帘控制器、门磁、紧急报警按钮、万能遥控器、安防遥控器、红外转发器、有线电视模块、电话模块、音频模块、交换机模块、电源模块、管理服务器、短信模块等，如图8-7、图8-8所示。

材料：护套线缆、音频线缆

● 图 8-7 电动窗帘滑道

● 图 8-8 电话模块

● 图 8-9 塑料胀管

● 图 8-10 冲击钻

施工方材料准备

辅材（除甲方提供设备材料以外的所有材料）：金属膨胀螺栓、自攻钉、塑料胀管、砖头、焊锡、绝缘胶布、热缩套管、管卡、弹簧垫圈等，如图8-9所示为塑料胀管。

机械设备：冲击钻、手电钻、切割机、电镐、梯子、剥线钳、改锥、拉线、电工刀等，如图8-10所示冲击钻。

项目人员：一般情况下，智能家居施工团队包含项目工程师1人，负责整个工程的设计安排、技术支持与宏观调配；专业施工员2人，负责项目的实际施工；质量监督员1人，保证工程的质量与安全。

开始条件：相关文件与施工图纸完整齐全，施工人员了解并熟悉施工内容与流程，工具准备到位并符合施工要求。需要注意的是，设备安装时应保证装修工程已经完成，门窗门锁完整并有人看管。

施工流程

布线、线缆敷设——设备安装——系统联网调试

布线、线缆敷设

1. 清理管路，清扫管路是施工的第一步，可以使用布条的两端固定在带线上，从管一头拉向另一头，将杂物清理出管道。为了检查管路通畅性，并牵引电线，将铁丝一端弄弯，弯头向着穿线方向穿入，边穿边捋顺铁丝，如果穿入过程出现阻碍，从两端分别穿入，当接头绞在一起时，再抽出其中一端贯通管线，如图 8-11 所示为线缆。

2. 排布线缆时，尽量减少线之间的交叉，粗线在上，细线在下，不拧绞，排列整齐有序。一根管内如果出现多根线缆，管内不可有接头，如果出现需要连接的情况，必须在接线盒内连接，如图 8-12 所示。

● 图 8-11 线缆

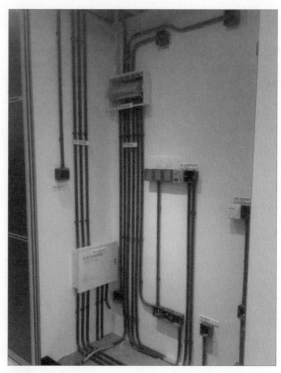

● 图 8-12 布线

材料要求

好的材料是保证工程质量的基础，因此在材料的选用上，必须严格按照国家规定进行选材。如图 8-13 所示，护套线均采用国标铜芯线，线缆上注明计量标示，所有线缆均能提供检测报告。产品设备的型号要依据设计选择，并都是经过国家 3C 认证的正规品牌，如图 8-14 所示认证标志。如果是进口产品，要能提供进口商品的商检证明，并具备完备的证明资料，如检测证明、质量报告、安装及使用说明书等。

● 图 8-13 线缆细节图

● 图 8-14 标志

● 图 8-15 模块

设备安装

箱内模块安装

箱内 PVC 管头最好与箱底平齐，智能终端电源放置于模块后。需要接驳 220V 电时用缠绕法连接，使用绝缘胶布绝缘，如图 8-15 所示。

网络面板安装

1. 预留盒内干净，使用自攻螺钉固定，面板的安装要求横平竖直，如果出现问题需要及时汇报。

2. 信息模块使用专业打线器操作，按 EIA/TLA 568B 标准形式压接网线，如图 8-16 所示，排列顺序为白橘、橘、白绿、蓝、白蓝、绿、白棕、棕，打压线时注意模块标志。

3. 面板安装

水浸探头下方使用方形 86 盒盖封闭，音频面板、紧急按钮等按照图纸预留点位安装。分机背板固定点为四个，需要钻固定眼时，固定眼的直径为 3.5-4mm。

4. 幕帘探头安装

使用 M3.5 电钻钻头固定钉眼，4X20 圆头自攻钉固定。固定板横向安装，探头固定板中心点距离墙面出线位置为 100mm，距离窗框为 50mm。探头线保护层自出墙位置玻璃预留长度为 200mm。如图 8-17 所示为幕帘探头设备，安装方法如图 8-18 所示。

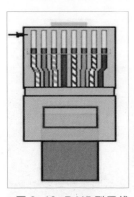

● 图 8-16 RJ45 型网线插头

● 图 8-17 幕帘探头设备

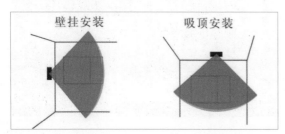

● 图 8-18 安装方式

系统网络调试

1. 接线应严格按照设备接线图进行接线，并确保无误。在设备通电之前，应对布线线缆进行测试，确保地、线间绝缘。

2. 采用专业导线将设备连接，线头接线完好，接地电阻联合接地，值不大于 10Ω。

3. 连接智能系统设备时要根据产品说明书与接线图纸进行，并根据说明书的操作步骤进行最终测试，如图 8-19 所示。

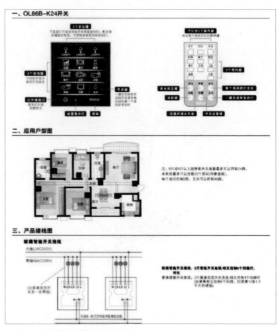

● 图 8-19 产品说明书

四验收

当工程结束时，需要进行验收，所有设备功能必须达到设计要求，首先由项目上的人员进行自检，然后最终由监理、建设单位检查确认，工程才算验收合格。

1. 验收人员根据图纸比对现场设备的安装，经过实地勘测，确认安装位置与安装方式。

2. 如果因为智能终端网络水晶头接触不良时，会造成无信号、信号不符合要求，应及时复查调试，将不合适的设备更换掉。

3. 使用焊油焊接时，当其它地方被油渍污染时，使用丝棉或布条擦拭干净即可。

4. 调光开关、智能插座等设备安装之前，一定要保持墙面洁净，便于设备的固定。

5. 设备箱体开孔大小适宜、位置准确、切口整齐、箱内管线顺直，回路数量与箱体连接位置和方法准确，箱体内部零件齐全，四周边缘与墙体表面紧贴无缝。

6. 箱内导线余量适当、连接紧密、位置准确，压板连接时无松动。模块安装时两头平齐，使用专用螺丝固定，电源直流输出端接线处需要焊接固定。

7. 各类面板与墙面尽量无缝隙，如果出现间隔，在位置满足要求的前提下，尽可能的调整安装效果，缩小缝隙，图8-20、8-21、8-23均为控制面板。

8. 验收标准严格按照国家标准《智能建筑工程质量验收规范》GB 5039-2003（如图8-22）进行系统检验。

智能家居虽以智能系统设备为主要载体，但并非是产品导向，它的最终导向是服务导向，一切智能设备的设计与运作都是为了给人提供更加理想的居住环境。欣欣向荣的智能家居系统在市场上拥有广泛地需求量，将来随着科技的进步，智能家居的分类也将会越来越细化，种类也会更多，实现互联网与智能家居的多方位联动。

● 图 8-20 智能开关面板

● 图 8-21 智能开关面板

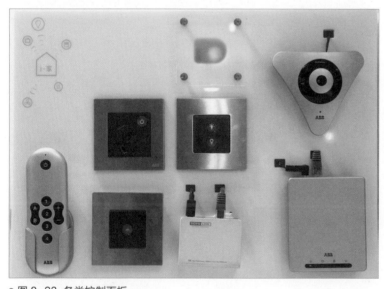

● 图 8-23 各类控制面板

● 图 8-22 白皮书

● 图 8-24 现代室内空间

图书在版编目（CIP）数据

室内装修完全图解实例 / 朱丽，檀文迪，鲍培瑜编著 . — 北京：中国青年出版社，2018.5
ISBN 978-7-5153-5110-0
I.①室… II.①朱… ②檀… ③鲍… III.①室内装修 − 高等学校 − 教材 IV.①TU767.7
中国版本图书馆 CIP 数据核字（2018）第 094074 号

室内装修完全图解实例

朱丽　檀文迪　鲍培瑜 / 编著

出版发行：中国青年出版社
地　　址：北京市东四十二条 21 号
邮政编码：100708
电　　话：（010）50856188 / 50856189
传　　真：（010）50856111
企　　划：北京中青雄狮数码传媒科技有限公司

责任编辑：张　军
助理编辑：杨佩云
封面设计：杜家克

印　　刷：北京建宏印刷有限公司
开　　本：787×1092　1/16
印　　张：8
版　　次：2019 年 5 月北京第 1 版
印　　次：2019 年 5 月第 1 次印刷
书　　号：ISBN 978-7-5153-5110-0
定　　价：58.00 元

本书如有印装质量等问题，请与本社联系
电话：（010）50856188 / 50856189
读者来信：reader@cypmedia.com
投稿邮箱：author@cypmedia.com
如有其他问题请访问我们的网站：http://www.cypmedia.com